# 洞悉四季

## ——北京市公众气象服务技术手册

主编 尤焕苓 叶彩华

参编 赵 娜 马小会 刘 燕
　　　闵晶晶 张丰瑶

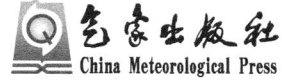

气象出版社
China Meteorological Press

## 内容简介

春夏秋冬、四季更迭，北京的春来秋往伴随着风雨冷暖的变幻。对每个气象预报服务工作人员来说，这些变化既有规律又常有不确定性。《洞悉四季——北京市公众气象服务技术手册》汇集多名资深气象专家服务经验，总结分析不同时期天气特点，提炼服务热点问题，给出针对性防御提示，以及二十四节气的科普指南等。本手册可为公众、决策部门、行业气象服务人员提供技术支持和参考，同时也可作为市民朋友了解北京不同季节天气特点的参考指南。

## 图书在版编目（CIP）数据

洞悉四季：北京市公众气象服务技术手册 / 尤焕苓，叶彩华主编. -- 北京：气象出版社，2021.9
ISBN 978-7-5029-7527-2

Ⅰ. ①洞… Ⅱ. ①尤… ②叶… Ⅲ. ①气象服务－北京－手册 Ⅳ. ①P451-62

中国版本图书馆CIP数据核字(2021)第176495号

### 洞悉四季——北京市公众气象服务技术手册
Dongxi Siji——Beijing Shi Gongzhong Qixiang Fuwu Jishu Shouce
主编　尤焕苓　叶彩华

| | |
|---|---|
| 出版发行：气象出版社 | |
| 地　　址：北京市海淀区中关村南大街46号 | 邮政编码：100081 |
| 电　　话：010-68407112（总编室）　010-68408042（发行部） | |
| 网　　址：http://www.qxcbs.com | E-mail：qxcbs@cma.gov.cn |
| 责任编辑：王元庆 | 终　审：吴晓鹏 |
| 责任校对：张硕杰 | 责任技编：赵相宁 |
| 封面设计：地大彩印设计中心 | |
| 印　　刷：北京中石油彩色印刷有限责任公司 | |
| 开　　本：710 mm×1000 mm　1/16 | 印　张：9.25 |
| 字　　数：112千字 | |
| 版　　次：2021年9月第1版 | 印　次：2021年9月第1次印刷 |
| 定　　价：46.00元 | |

本书如存在文字不清、漏印以及缺页、倒页、脱页等，请与本社发行部联系调换

# 目 录

## 第1章 公众气象服务 … （1）
1.1 公众气象服务含义 … （1）
1.2 公众气象服务内容 … （1）
1.3 公众气象服务手段 … （1）
1.4 北京公众气象服务特点 … （2）

## 第2章 北京地区不同季节的公众气象服务 … （3）
2.1 北京自然地理及气候概况 … （3）
2.2 春季（3月、4月、5月） … （5）
 2.2.1 北京春季天气气候特点 … （5）
 2.2.2 3月 … （6）
 2.2.3 4月 … （21）
 2.2.4 5月 … （33）

2.3 夏季（6月、7月、8月） … （43）
 2.3.1 北京夏季天气气候特点 … （43）
 2.3.2 6月 … （44）
 2.3.3 7月 … （60）
 2.3.4 8月 … （66）

2.4 秋季（9月、10月、11月） … （70）
 2.4.1 北京秋季天气气候特点 … （70）
 2.4.2 9月 … （71）

2.4.3　10月 …………………………………………（75）

   2.4.4　11月 …………………………………………（80）

  2.5　冬季(12月、1月、2月) ……………………………（85）

   2.5.1　北京冬季天气气候特点 ……………………（85）

   2.5.2　12月 …………………………………………（86）

   2.5.3　1月 ……………………………………………（98）

   2.5.4　2月 …………………………………………（102）

第3章　二十四节气与气象服务 …………………………（106）

第4章　节假日和特殊时期预报服务 ……………………（119）

  4.1　法定节日期间服务 …………………………………（119）

   4.1.1　元旦节日 ……………………………………（119）

   4.1.2　清明节 ………………………………………（120）

   4.1.3　"五一"节日 …………………………………（120）

   4.1.4　端午节日 ……………………………………（121）

   4.1.5　国庆节日 ……………………………………（121）

   4.1.6　春节 …………………………………………（122）

  4.2　特殊时段气象服务 …………………………………（122）

   4.2.1　春运 …………………………………………（122）

   4.2.2　中考、高考 …………………………………（123）

  4.3　北京马拉松比赛气象服务 …………………………（124）

   4.3.1　马拉松与气象条件 …………………………（124）

   4.3.2　2017年北马气象条件分析——最热的北马 ……（125）

   4.3.3　2012年冬季北马——最冷的北马 …………（126）

   4.3.4　北马举办期间北京气候特点 ………………（126）

   4.3.5　"备马"看天提示 ……………………………（127）

附录 …………………………………………………………… (128)

　　附录1　风力等级 GB/T 28591—2012(摘录)………… (128)

　　附录2　降雨等级 QX/T 489—2019(摘录) ………… (130)

　　附录3　冷空气等级 GB/T 20484—2017(摘录)……… (131)

　　附录4　寒潮等级 GB/T 21987—2017(摘录)………… (133)

　　附录5　高温热浪等级 GB/T 29457—2012(摘录)…… (134)

　　附录6　冰雹等级 GB/T 27957—2011(摘录)………… (136)

　　附录7　沙尘天气等级 GB/T 20480—2017(摘录)…… (137)

　　附录8　霾的观测和预报等级 QX/T 113—2010(摘录) … (138)

　　附录9　气候季节划分 QX/T 152—2012(摘录) ……… (140)

# 第1章 公众气象服务

## 1.1 公众气象服务含义

公众气象服务指气象部门使用各种公共资源或公共权力,向社会公众提供气象信息和技术,并让公众了解和掌握一定气象科学知识,将气象服务信息和技术应用于自身的决策、管理和生产生活实践的过程。

## 1.2 公众气象服务内容

公众气象服务内容包括:日常(短时临近、短期、中期等)天气预报、灾害性天气预报、预警信号、天气实况、气象科普,以及与吃穿住行密切相关的医疗气象、交通气象、旅游气象、生活气象指数等服务产品。

## 1.3 公众气象服务手段

主要服务手段包括报纸、广播电台、电视、声讯电话、热线电话、手机短信等传统媒体和微博、微信、网站、电子显示屏,以及各种网络平台、手机 APP 等新媒体手段。

## 1.4 北京公众气象服务特点

北京的自然环境及气象灾害特点、超大城市承灾体特点及首都的特殊功能等方面共同形成了北京公众气象服务"高敏感、高影响度"的特点。

北京地形特点为三面环山、东南为平原的"马蹄型"地形,对雾、霾、局地强对流等灾害性天气有重要影响。北京总面积为 16807.8 平方千米,到 2019 年末,北京常住人口为 2153.6 万人,常住人口密度为每平方千米 1312 人,机动车保有量为 636.5 万辆,2019 年北京地区生产总值 35371.3 亿元,超大城市特点愈发突出,天气的高影响特点也越来越明显。

作为首都,公众群体结构复杂,同时国庆、体育等各种重大国事、赛事、会议等活动繁多,为各类重要活动期间社会公众不同人群提供完善、针对性服务是北京气象服务的重要内容。

# 第2章 北京地区不同季节的公众气象服务

## 2.1 北京自然地理及气候概况

北京位于华北大平原的西北边沿,横跨东经115°25′～117°30′、纵跨北纬39°28′～41°05′,总面积约为16800平方千米,山地约占62%,平原约占38%。

北京三面环山,地势由西北向东南倾斜,西部属太行山余脉,北、东北为燕山山脉,南接冀北平原,呈三面群山环抱之势,山脊高度平均海拔1000米左右,西、北、东北方向三座主峰海拔达2100～2300米,构成一道弧形天然屏障。中部、东南部是山前平原,向渤海湾平缓过渡,海拔由高到低100～10米,属于华北平原的北部一隅,形成一个背山面海的特殊地形,俗称"北京湾"。

北京地貌由西向东、自北向南由高山、中山、低山和丘陵过渡到洪冲积台坡地和平原。山区山脉层叠、地势呈阶梯状下落。由于山脉交错或断裂、下沉,加上长期风化侵蚀作用,形成了古北口、南口和官厅水库三个进入北京的入风口,其中以官厅水库为风力之最。平原地区地势平坦,只是在山麓台地及山前平原上零散分布着一些沙丘和山冈。

北京境内有大小河流六十余条,河流多为西北—东南走向。永定河、潮白河为北京市两大主要水系。永定河源于雁北黄土高原,横切太行山之北尾蜿蜒而下;潮白河源于坝上草原,纵贯军都山逶迤南下。两河分别停蓄于官厅、密云水库,尔后流向东南,注入渤海。此外,流经本市的还有温榆河-北运河、拒马河和泃河-蓟运河等水系。除密云水库、官厅水库、怀柔水库、十三陵水库和海子水库等大中型水库外,近郊及市区还有昆明湖、玉渊潭、北海、前海、后海、陶然亭湖和紫竹院湖等小湖泊30余个,这些水库和湖泊对小气候有一定的调节作用。

地理位置、太阳辐射和大气环流诸因素决定着一个地方的气候特征。北京市地处欧亚大陆的东岸边缘,虽东濒海洋,但海洋对本市气候的影响仅反映在夏季,其他季节主要受西风带大气环流的影响,是典型的暖温带半湿润季风型大陆性气候。北京的地理位置和地形,决定了北京气候的以下特点:

(1)降水集中且降水强度大。北京处在大陆干冷气团向东南移动的通道上,每年从10月到翌年5月几乎完全受来自西伯利亚的干冷气团控制,只有6—9月三个多月受到海洋暖湿气团的影响。所以降水主要集中在夏季,7月、8月尤为集中。降水量的年际变化很大,丰水年和枯水年雨量相差悬殊。

(2)降水量地区分布不均。来自东南的暖湿空气受燕山及太行山的抬升,在山前迎风坡形成多雨区,而背风坡形成少雨区。

(3)山前平原增温显著。冷空气由于受到山脉阻挡以及下沉增温作用,致使北京平原地区冬季气温比临近的同纬度地区偏高,形成山前暖区。

(4)风向日变化显著。"北京湾"的特殊地形使得北京地区山谷风明显,平原地区午后多偏南风,午夜转偏北风。南口、古北口等地,沿山间河谷形成较周围地区风速明显偏大的风口。

(5)四季分明,冬季最长,夏季次之,春、秋短促。

按照《气候季节划分》气象行业标准,每年受气象条件影响进入四季的时间不尽相同。为了应用和统计方便,本文按气候上常用的习惯方法进行四季划分,3—5月为春季,6—8月为夏季,9—11为秋季,12月—次年2月为冬季。

## 2.2 春季(3月、4月、5月)

### 2.2.1 北京春季天气气候特点

北京春季的气候特点是气温变化快、降雨少、干燥多风。

春季,太阳直射点由南半球移动到北半球,太阳高度角升高,所以日照时间越来越长,气温开始逐渐回升。春季中纬度环流处在由经向型向纬向型转变时期,气层趋于不稳定,虽然冷空气不如冬季强盛,但冷空气活动频繁,南下的次数却多于冬季,所以多移动性的高压活动。随着西风槽的频繁活动,蒙古气旋和河套气旋开始增多,地面冷锋活跃。由于气旋活动增加,天气变化较大,造成春季大风天气增多。一年中北京平原地区春季风速最大,大风日数最多。另外,由于地形作用,春季华北地区会出现下沉增温现象,华北气温比同纬度地区温度偏高。春季干旱少雨,土壤解冻,土质疏松,遇有大风时常伴有局地扬沙。受上游输送影响,还会出现浮尘和沙尘暴。

北京春季(3—5月)多年的平均降雨量为45~80毫米,仅占全年降雨量的10%左右,可是蒸发量却占全年蒸发量的30%~32%,空气中的水汽含量很小,很干燥,故有"十年九春旱之说"。北京春季气温变化快,常常大起大落。特别是早春季节,时而风和日丽,时而冷风袭人。在春光明媚时,白天最高气温可以蹿升到 20 ℃ 以上,让人换下冬装穿上单衣,在阴冷天气时,依然要穿棉衣。而且气温的日较差大,一般日较差都在 10 ℃ 以上,最大的可超过 20 ℃。

4 月后天气变暖,大气越来越不稳定,当遇到冷空气时将会出现雷雨大风天气,有时发展较强的积雨云还会带来冰雹等强对流天气。虽然天气回暖,但是仍然会有降雪或雨夹雪天气出现。

春季各类天气系统移动较快,变化大,大约 2～3 天一个天气周期。在冷空气变性减弱时,华北地区容易出现地形槽,导致雾、霾天气多发,使北京地区能见度变差。

## 2.2.2 3 月

北京地区 3 月气候特点:一般来说,3 月为北京地区春季开始月份,处于冬季风向夏季风转换的过渡季节,天气逐渐变暖,气温回升迅速、降水稀少,空气干燥,风沙天气开始增多,3 月大风无论是强度还是出现频率都是全年之冠。气温整体回升,白天最高气温回升幅度更大,因此,日较差(昼夜温差)明显增大。3 月北京地区还会受强冷空气影响出现寒潮,并带来大风降温和雨雪天气。3 月降水是由降雪、雨夹雪到降雨的转换期;一般年份降水稀少,所以有"春雨贵如油"之说。由于北方地区气温普遍回升,土壤解冻,浮土层增厚,大风天气常会给北京带来沙尘天气。常见的有通过高空气流输送入京的浮尘、大风吹起裸露土层而造成的扬沙,严重时还会造成能见度低于 1 千米的沙尘暴天气。

### 2.2.2.1 3 月气象服务敏感要素、敏感点

3 月气象服务敏感要素、敏感点:雪雨转换时的降水相态变化、大

风、寒潮、雾和霾、沙尘、昼夜温差、冬春转换气温变化、花粉浓度、呼吸道疾病、紫外线强度、春季干旱、入春时间。

#### 2.2.2.2 气象服务重点与提示

（1）雨雪天气

3月的降水仍有可能以降雪和雨夹雪形式出现，降雪天气会对交通、公众出行安全、农业设施等带来较大影响。

此时的降雨过程中往往伴随着降温，降温到了一定的程度，就会出现雨夹雪或雪。降水相态的不一，使路面湿滑程度更加复杂，对公众的出行和交通安全产生不利影响。绝大多数情况下，地面温度高，降雪落地融化，但如果伴随的冷空气势力较强，入夜以后需注意局部地区有路面结冰的可能性，所以要关注冷空气强度和降温幅度。

**雨雪天气影响与提示**

> 道路湿滑，影响公路交通安全，尤其早晚高峰容易带来路面拥堵，提醒司机采取防滑措施，谨慎驾驶，尽量乘坐公共交通工具。基于安全考虑，降雪天气高速公路可能采取半封闭或全封闭措施，出行需提前了解路况信息，注意安全。
>
> ① 道路湿滑，部分路面有结冰，影响公众出行安全。提醒行人外出注意防滑，穿防滑的鞋，女士别穿高跟鞋等。
>
> ② 明显雨雪天气对飞机起降有影响，导致航班延误或停飞。提醒公众关注航班信息，提前做好准备。
>
> ③ 雨雪天气阴冷，体感温度低，提醒公众注意防寒保暖。
>
> ④ 较大降雪容易压垮、压塌农业大棚等设施，提醒提前做好防范。

⑤ 雨雪天气使用电量增加,影响电力调度;同时影响输电线路安全,如大雪压断树枝容易压倒输电线路或使线路短路,影响供电安全,提醒注意防御。

⑥ 雨雪对市政扫雪铲冰、供暖部门能源调度等方面决策有影响,及时发布专项警报和提示,进行精细服务。

(2)春季大风

北京春季大风多为偏北或偏南大风。春季偏北大风往往来得快、猛、强,有时维持时间也较长,日变化明显。3月北京地区以偏北大风为主,偶尔也会有偏南大风。

偏北大风多出现于蒙古高压前部和东北低压后部,常和寒潮冷锋相伴。若冷高压位置偏北,高空有强冷空气配合,大风可维持两天以上,若低压位置偏南,大风维持时间在10小时以上,一般不超过24小时。

锋面前部有时会形成西南大风,大风持续时间:一般为3～4小时,最长15小时,最短只有十几分钟。偏南大风日变化明显,大风大多数出现于午后气温最高时,傍晚随气温下降而风速逐渐减小,大风出现时还可能伴有浮尘、扬沙。偏南大风预报难度高,容易被忽略,需要密切关注。

**大风影响与提示**

大风会对城市设施会带来一些影响,常造成建筑物(特别是临时建筑)倒塌或受损、广告牌吹落、树木折断等事故,影响高空作业,引发火灾,同时大风通常伴有降温,对农牧业有一定的影响。

① 市民及相关人群注意收听收看大风天气预报信息,注意行车、行走安全。

② 相关单位加固、妥善安置易受大风影响的户外装置和室外物品,远离施工工地,尽量快速通过,不要在高大建筑物、广告牌或大树

下方停留。及时加固门窗、围挡、棚架等易被风吹动的搭建物。妥善安置易受大风损坏的室外物品。

③ 提醒高速行车(汽车、高铁等)应减速慢行;不要将车辆停在高楼、大树下方,以免玻璃、树枝等吹落造成车体损伤。

④ 立即停止高空、水上等户外作业;立即停止露天集体活动,并疏散人员;老人和小孩尽量不要在大风天气外出。

⑤ 大风天气里城市和森林火险等级升高,提醒有关部门注意森林防火,对公众加强用电用火安全提示。

(3)沙尘

沙尘天气具体分为浮尘、扬沙和沙尘暴三大类。扬沙、沙尘暴一般都是发生在大风天气里,二者强度上有所不同,强度的判断以水平能见度为标准。沙尘暴包括沙尘暴、强沙尘暴和特强沙尘暴,也是以能见度为区分标准。

浮尘:无风或风力≤3级,沙粒和尘土飘浮在空中使空气变得混浊,水平能见度小于10千米。

扬沙:风将地面沙粒和尘土吹起使空气相当混浊,水平能见度在1~10千米。

沙尘暴:风将地面沙粒和尘土吹起使空气很混浊,水平能见度<1千米。

强沙尘暴:风将地面沙粒和尘土吹起使空气非常混浊,水平能见度<500米。

特强沙尘暴:风将地面沙粒和尘土吹起使空气特别混浊,水平能见度<50米。浮尘一般是由于大风在上游地区形成沙尘暴、扬沙后,细的沙土被吹到高空,尘沙等细粒在空中浮游而形成,严重时白昼如同黄昏,太阳呈苍白色或淡黄色。扬沙、沙尘暴一般出现在有大风的

时候,持续时间相对比较短,而浮尘一般出现在强风前或以后风力不大时,但持续时间比较长,可达一天以上。近年来,北京的本地扬沙天气明显减少,沙尘天气主要是源于上游输送的浮尘和沙尘暴。

**沙尘暴主要影响**

沙尘暴天气是中国西北、华北等地区出现的强灾害性天气,可造成房屋倒塌、交通供电受阻或中断、火灾、人畜伤亡等,污染自然环境,破坏作物生长,给国民经济建设和人民生命财产安全造成严重的损失和极大的危害。沙尘暴危害主要在以下几方面:

① 生态环境恶化。出现沙尘暴天气时狂风裹的沙石、浮尘到处弥漫,凡是经过地区空气浑浊,呛鼻迷眼,呼吸道等疾病人数增加。沙尘暴天气携带的大量沙尘蔽日遮光,天气阴沉,造成太阳辐射减少,几小时到十几个小时恶劣的能见度容易使人心情沉闷,工作学习效率降低。轻者可使大量牲畜患呼吸道及肠胃疾病,严重时将导致大量牲畜死亡、刮走农田沃土、种子和幼苗。沙尘暴还会使地表层土壤风蚀、沙漠化加剧,覆盖在植物叶面上厚厚的沙尘,影响正常的光合作用,造成作物减产。沙尘暴还使气温急剧下降,天空如同撑起了一把遮阳伞,地面处于阴影之下变得昏暗、阴冷。

② 影响交通安全。沙尘暴天气经常影响交通安全,造成飞机不能正常起飞或降落,使汽车、火车车厢玻璃破损、停运或脱轨。

③ 危害人体健康。当人暴露于沙尘天气中时,含有各种有毒化学物质、病菌等的尘土可透过层层防护进入到口、鼻、眼、耳中。这些含有大量有害物质的尘土若得不到及时清理,将对这些器官造成损害,或病菌以这些器官为侵入点引发各种疾病。沙尘暴发生的情况下,可能诱发人的过敏性疾病、流行病及传染病。即使是身体健康的人,如果长时间吸入粉尘,也会出现咳嗽、气喘等多种不适症状。

**沙尘防御提示**

① 及时关闭门窗,减少外出,特别是老人和儿童。必须到室外活动的话最好戴上口罩,也可以用纱巾、护目镜等保护眼、口、鼻,户外回到室内后尽快清洗口鼻,以有效减少沙尘对健康影响。

② 沙尘天气使能见度下降,开车出行需控制车速,注意交通安全;同时需关注路况信息,提前了解高速公路等封路情况。

③ 强沙尘天气常伴随大风,因此,除了防沙尘还要注意防风,外出远离临时搭建物和广告牌,谨防高空坠物,注意交通安全。

④ 沙尘对精密仪器、电力设施安全等都有影响,相关行业或部门需提前做好防御措施。

(4)寒潮

寒潮定义:高纬度的冷空气大规模地向中、低纬度侵袭,造成剧烈降温的天气活动。

一般采用受寒潮影响的某地在一定时段内日最低气温降温幅度和日最低气温值两个指标来划分寒潮等级。三个等级为:寒潮、强寒潮、超强寒潮。

寒潮:使某地的日最低气温 24 小时内降温幅度≥8 ℃,或 48 小时内降温幅度≥10 ℃,或 72 小时内降温幅度≥12 ℃,而且使该地日最低气温≤4 ℃的冷空气活动。

强寒潮:使某地的日最低气温 24 小时内降温幅度≥10 ℃,或 48 小时内降温幅度≥12 ℃,或 72 小时内降温幅度≥14 ℃,而且使该地日最低气温≤2 ℃的冷空气活动。

超强寒潮:使某地的日最低气温 24 小时内降温幅度≥12 ℃,或 48 小时内降温幅度≥14 ℃,或 72 小时内降温幅度≥16 ℃,而且使该地日最低气温≤0 ℃的冷空气活动。

寒潮一般多发生在秋末、冬初和初春时节。对北京地区来说，48小时最低气温下降8℃以上，最低气温小于或等于4℃，陆地平均风力可达5级以上，则称此冷空气爆发过程为一次寒潮过程。

**寒潮主要影响**

寒潮是一种大型天气过程，冷空气会造成沿途大范围的剧烈降温、大风和风雪天气，由寒潮引发的大风、霜冻、雪灾等灾害对农业、交通、电力、航海，以及人们健康都有很大的影响。

① 对农作物造成冻害。秋季和春季危害最大，春季秧苗出土，遇到大幅度降温，会冻死秧苗，秋季农作物没有成熟遭遇降温，使农作物减产。

② 大风天气会吹翻船只，摧毁建筑物，破坏农场农业生产设施。

③ 强降雪和明显冻雨可导致交通中断、电线被压断、电线杆折断等。

寒潮和强冷空气通常带来的大风、降温天气，是中国冬半年主要的灾害性天气。寒潮带来的雨雪和冰冻天气对交通运输危害不小。可造成铁路道岔冻结，铁轨被雪埋，通信信号失灵，列车运行受阻。雨雪过后，道路结冰湿滑，交通事故明显上升。

④ 寒潮袭来对人体健康危害很大，大风降温天气容易引发感冒、气管炎、冠心病、肺心病、中风、哮喘、心肌梗死、心绞痛、偏头痛等疾病，或使患者的病情加重。

**寒潮服务提示**

① 及时收听天气预报，特别关注寒潮消息或预警。

② 对寒潮带来的大风、雨雪等天气提前做好防御。特别做好防风工作，关好门窗，固紧室外搭建物等

③ 当气温骤降时，要注意添衣保暖，特别是要注意手、脸部的保暖。

④ 老弱病人，特别是心血管和哮喘等对气温变化敏感的人群尽量不要外出。

⑤ 提醒使用煤火自取暖的家庭要提防煤气（CO）中毒。

⑥ 政府及相关部门按照职责做好防寒潮的应急和抢险工作。

⑦ 农业、水产业、畜牧业等要积极采取防霜冻、冰冻等防寒措施，尽量减少损失。

（5）雾和霾

春季也是雾、霾天气多发期，尤其是冬春交替的3月份为最多，4月、5月份明显减少。

雾是指在接近地球表面的大气中悬浮的小水滴或冰晶组成的水汽凝结物，是一种常见的天气现象。当气温达到露点温度时（或接近露点），空气里的水汽凝结生成雾。形成的条件：一是有一定的水汽含量；二是有一定的冷却环境。

根据水汽凝结的成因不同，雾可分为多种类型，北京地区常见的有辐射雾、平流雾、辐射平流混合雾、蒸发雾等几种。

辐射雾是地面空气因夜间辐射散热冷却达到水汽过饱和状态后形成的。这种雾大多出现在晴朗、微风、近地面水汽又比较充沛的夜间或早晨。辐射雾的出现，一般表示当天的天气晴好，因此有"十雾九晴"的说法。

平流雾是由空气的水平流动造成的。当暖湿空气流经冷的地面或海面，空气的低层因接触地面或海面而冷却，使水汽凝结而成雾。平流雾的出现，一般预示两三天内会有降雨天气。

蒸发雾：即冷空气流经温暖水面，如果气温与水温相差很大，则因水面蒸发大量水汽，在水面附近的冷空气中便发生水汽凝结成雾。这时雾层上往往有逆温层存在，否则对流会使雾消散。所以蒸发雾范围小,强度弱,一般发生在下半年的水塘周围。雪停后,在融雪过程中,雪面和潮湿土壤不断蒸发使近地面水汽不断增加,同时遇到较冷的空气,水汽变为小水滴或冰晶而成的雾,称为雪后蒸发雾。

按水平能见度大小,雾可以划分为 5 个等级:

① 水平能见度在 1~10 千米的称为轻雾。

② 水平能见度低于 1 千米高于 500 米的称为大雾。

③ 水平能见度为 200~500 米的称为浓雾。

④ 水平能见度为 50~200 米的称为强浓雾。

⑤ 水平能见度不足 50 米的雾称为特强浓雾。

霾也称灰霾(烟霞),指大量极细微的干尘粒等均匀地浮游在空气中,使水平能见度小于 10 千米的空气普遍浑浊现象。霾使远处光亮物体微带黄、红色,使黑暗物体微带蓝色。我国部分地区也将受到人类活动显著影响的霾称为灰霾。香港天文台和澳门地球物理暨气象局称霾为烟霞(QX/T113—2010)。

霾形成有两方面因素:一是比较静稳的大气条件,二是空气中悬浮颗粒物的增加。根据服务需求,将霾预报等级分为轻微霾、轻度霾、中度霾和重度霾,如表 2-1 所示。

表 2-1 霾预报等级及服务描述

| 等级 | 能见度($V$)(千米) | 服务描述 |
| --- | --- | --- |
| 轻微 | $5.0 \leqslant V < 10.0$ | 轻微霾天气,无须特别防护 |
| 轻度 | $3.0 \leqslant V < 5.0$ | 轻度霾天气,适当减少户外活动 |
| 中度 | $2.0 \leqslant V < 3.0$ | 中度霾天气,减少户外活动,停止晨练;驾驶人员小心驾驶;因空气质量明显降低,人员需适当防护;呼吸道疾病患者尽量减少外出,外出时可戴上口罩 |

续表

| 等级 | 能见度(V)(千米) | 服务描述 |
| --- | --- | --- |
| 重度 | $V<2.0$ | 重度霾天气,尽量留在室内,避免户外活动;机场、高速公路、轮渡码头等单位加强交通管理,保障安全;驾驶人员谨慎驾驶;空气质量差,人员需适当防护;呼吸道疾病患者尽量避免外出,外出时可戴上口罩 |

**雾和霾主要影响**

① 能见度下降,对公路、航运、海运等交通运行影响较大。特别是大雾天气,能见度低,对高速公路运行、飞机起降的影响最大,常会导致交通事故,高速公路封闭和机场航班延误。

② 危害人体健康。雾、霾天气时,大气稳定,风速很小,污染物难以扩散,容易引发流感、呼吸道等疾病,严重者可引起肺功能异常、支气管发炎、肺癌等更严重疾病。另外,雾、霾天气阳光暗淡,人们呼吸不畅,心情抑郁不安,容易引发心理疾病。

**雾和霾服务提示**

① 雾中行车应打开雾灯及示宽灯,车辆之间及与行人之间都要保持充分的安全距离,严格根据能见度控制车速。

② 应尽量减少户外活动,出门时最好戴上防霾口罩,外出回来后立即清洗面部及裸露的肌肤。雾、霾天气应暂停晨练。

③ 雾、霾天气里大气污染扩散条件很差,室内用燃煤取暖需要做好通风措施,防范一氧化碳中毒。

(6)春季呼吸道疾病

春天,天气逐渐变暖、气温升高,是细菌、病毒等微生物繁殖生长的有利季节,同时天气多变,时冷时暖,气温变化不稳定。俗语讲:春天的天,孩子的脸,说明了春天天气善变。另外,冬天刚过,人体抵抗能力相对较弱,加上人口流动频繁等多种原因,更容易引发感冒、气管炎、肺炎等呼吸道传染病。医学专家说,对付感冒等呼吸道传染性疾病的最有效办法是预防为上,防患于未然。

**特别提示**

① 针对春季的气候特点,注意保暖,适当"春捂",及时增减衣服,避免受凉。春天气候多变,早晚温差也很大,如果骤然减去太多衣物,极易降低人体呼吸道免疫力,使得病原体极易侵入。所以一定要根据天气变化,适时增减衣服,切不可一下子减得太多。

② 要形成良好的生活方式,劳逸结合,保持充足的睡眠,尤其尽量不要熬夜;注意个人卫生和防护,养成良好的卫生习惯。

③ 加强锻炼,增强身体健康素质,但要避免在空气质量不好时进行剧烈的户外运动。

④ 多喝水,合理安排饮食。春季十分干燥,人体鼻黏膜容易受损,要多喝水,让黏膜保持湿润,利于有效抵抗疾病。同时可多吃瘦肉、蛋及蔬菜、水果等富含优质蛋白、高维生素的食物,增强人体免疫力。

⑤ 在呼吸道传染病流行季节,老人、儿童等易感人群应尽量少去人群聚集、通风条件差的公共场所,避免交叉感染。

(7) 3月北京停止供暖提防气温剧变

3月冬春季节转换之际,气温起伏变化大,昼夜温差明显加大,对公众健康、生活和出行等方面的影响不容忽视。

此时需要提醒根据天气变化,除了上述适时、适度增减衣物,适当"春捂";注意预防因气温变化大引起的感冒和心脑血管等疾病。特别要注意的是,一般北京地区在3月中旬停止供暖,此时气温还处于忽高忽低变化阶段,早晚室内温度明显偏低,此时非常容易引发感冒、心脑血管、消化道及关节炎等疾病,因此,此时要特别注意气温的起伏变化,及时做好保暖工作。

(8)紫外线强度

3月随着太阳高度角的升高,北京地区紫外线强度比冬季显著增强。晴朗少云天气一般都可达到4级(强)强度。

(9)春旱

北京地区春旱主要发生在3—5月份,这时春季气温回升很快,空气干燥,太阳辐射较强,风力大,蒸发力强,冬季降水稀少,一旦春季长时间无雨或雨量明显偏少,就易发生春旱。

由于降水是水资源的主要来源,直接影响大气、地表和土壤的水分变化。通常以降水的短缺程度作为干旱的气候指标,常用降水量低于某一数值的日数、连续无雨日数和降水距平来表示。气象干旱等级国家标准以降水量的月、季度和年的距平百分率为指标来划分不同干旱等级。具体划分情况参见《气象干旱等级》(GB/T 20481—2017)。

**春旱影响与防御**

春旱会导致水资源匮乏,造成城市供水不足,不但严重影响居民生活质量,还给企业生产造成困难。随着经济的发展和人口的增长,干旱给经济建设和人民生活造成的影响和损失越来越大,甚至会影响到社会的安全稳定。发生春旱,除了政府部门和敏感行业需采取相应措施改进规划和节约用水外,对公众也应及时进行宣传提示。

**春旱服务提示**

提高节水意识,做到自觉节水。养成良好的节水习惯,使用节水型水龙头、洗衣机和坐便器,杜绝用水器具的跑、冒、滴、漏。干旱期间,风干物燥,森林火灾风险等级升高,还需注意用火安全,谨防火灾。

(10) 花粉浓度

每年3月,北京地区进入春暖花开的季节,一些易致敏的气传花粉树木也逐渐进入生殖散粉期,开启了每年的花粉季。春季花粉始期与气候条件密切相关,特别是与当年春季的气温正相关显著。气温越高,花粉始期也越早。有的年份始期出现在3月初,有的年份出现在3月中旬或下旬。春季致敏花粉树木主要有榆树、柏树、杨柳树、松树、白蜡、银杏、悬铃木等。花粉防御内容见本章2.2.3节。

2.2.2.3  3月极端天气案例

(1)沙尘、大风

1984年3月20日,全市出现9～10级大风,刮破京郊蔬菜大、中、小棚3168亩[①],地膜5619亩。马连道粮囤被大风揭顶40多个。

2000年3月27日,沙尘暴袭击北京城,局部地区瞬时风力达到8至9级。突如其来的狂风夹带着滚滚黄沙在数小时内把整个北京城全部笼罩,沙尘漫卷大街小巷,风中的行人捂着嘴吃力地行走。《北京日报》报道:"北京:27日中午,正在一座两层楼楼顶施工的工人被大风掀下,其中两人死亡。同一日,丽泽桥东一家汽配商店被大风掀翻,海淀区某饭馆5米高的烟囱被刮成'斜塔'。"

2002年3月15日下午,沙尘飞至北京,持续时间达49个小时,分布高度为3500米左右。2002年3月20日沙尘天气第二次袭击北京,时间持续长达51个小时,海淀等多区最低能见度小于200米。此次沙尘暴北京总降尘量高达3万吨,相当于人均2千克。

2010年3月20日北京遭遇强浮尘天气空气质量为5级重度污染。

---

① 1亩=1/15公顷,下同。

2010年3月22日北京再次遭遇强浮尘天气,昏黄天空持续一整天。

(2)降雪

2010年3月13日晚8时到14日下午2时,北京出现降雪天气,城区平均降水量达9.5毫米。其中,昌平雪量最大,达17.9毫米;霞云岭次之,达16毫米,均达到了暴雪量级,而且近郊出现了打雷现象。

2012年3月17日晚至3月18日凌晨,北京雾后迎来较大降雪。致部分高速公路封路,多架航班停运或延迟。

2018年3月17日北京出现降雪,结束了连续145天(2017年10月23日—2018年3月16日)史上最长的无有效降水日纪录。

(3)寒潮

1995年3月15—17日,出现寒潮大风降温天气,24小时降温8.4 ℃,日最低气温−4.2 ℃,瞬时极大风速达17米/秒以上,造成小麦叶尖冻枯、保护地蔬菜遭冻害。

### 2.2.2.4　3月公众热点问答

(1)问:3月出现降雪常见吗?北京平原地区终雪日是什么时候?

答:截至2019年,根据历史资料记录,北京观象台最晚降雪记录是1958年的4月21日,也就是最晚的终雪日。2019年3月17日、2016年3月24日北京平原地区都出现了降雪天气,所以3月份北京降雪其实是比较正常的天气现象。

(2)问:3月的天气有什么特点?

答:天气总体趋于回暖,但冷空气活动频繁,常有寒潮天气出现,降雨增多,大风和沙尘日有增多趋势。昼夜温差拉大,乍暖还寒,漫长的冬季即将结束,建议公众密切关注天气变化,合理增减衣物,不要过早过快地减掉衣服。

（3）问：世界气象日宣传活动有什么意义？

答：世界气象日活动的主要目的在于让公众了解气象与国民经济各领域的关系，以便各行各业在本领域的生产和工作中趋利避害，取得更好的效益；让广大人民群众、特别是青少年了解气象知识，学习在气象灾害中防灾、避灾及自我保护的意识和能力；让人民群众了解气象与环境、生态及自然资源间的相互关系，以便能更自觉地保护环境、保护生态，有效利用自然资源。

（4）问：总说"春雨贵如油"，春雨有哪些作用？

答：春雨对于抑制沙尘、净化空气、冬小麦返青十分有利，也给迎春的苗木，带来了雨露滋润。但易造成路面湿滑，而且在绵绵细雨中，能见度也很差，开车出行更要注意安全。

（5）问：为什么要把"3·12"选为植树节？

答：第一个原因是，惊蛰以后，万物复苏，树苗的根系开始萌动，这个时候种树，成活率比较高。第二个原因是，为了纪念孙中山先生，因为3月12日是孙先生逝世的纪念日，他生前十分重视国家的林业建设。

（6）问："惊蛰"节气有什么意义？

答：惊蛰，是二十四节气中的第三个节气。此时天气渐暖、地气回升，春雷乍动，雨水增多，冬眠在地下的小动物、昆虫苏醒将要活动了。此时是万物生长的好时光，生机盎然。

（7）问：俗话说，"春困秋乏"。为什么会"春困"？

答：在冬天，由于外界气温很低，人体为了抵御严寒，皮肤长时间处于"收敛含蓄"状态，使大脑细胞供氧量充足，所以人们往往在冬天感到精神焕发，头脑清醒。

春天气温逐渐回升，天气变暖，人体皮肤血管和毛孔逐渐扩张，皮肤里的血液循环旺盛起来，而供给大脑的血液和氧气就相对减少，导致了脑神经细胞的兴奋程度降低,人的注意力就不易集中,易感疲劳,困的感觉也就随之而来。

(8)问:寒潮天气对心脑血管疾病有什么影响?

据国外一项医学气象研究结果表明:50%以上的心梗患者和其他类型冠心病患者,对天气变化特别是气温骤降特别敏感,寒潮袭来心梗发生率明显升高。这是由于低温刺激易使交感神经兴奋,导致心率加快,血压升高,从而增加心肌耗氧量,这势必加重心脏负担,同时寒冷刺激引起血管痉挛,持续的血管痉挛可导致血栓形成,从而诱发或加重心脑血管疾病患者的病情。据国内医疗气象工作者研究,我国心肌梗死高发病率的季节是冬春季节,尤其有强冷空气入侵时,心脑血管疾病发病率剧增。因此,在寒冷季节应特别注意,高血压和冠心病患者应尽量避免外出,出门时务必注意保暖,关注血压波动和身体情况,如有不适及时就医。

(9)问:为什么北京天气总以南郊观象台为标准?

答:北京南郊观象台在世界气象站网的区站号是54区511站,它是代表北京的国际标准站,也是国家天气、气候台站网的主体台站,获取的资料要保持长期的连续性。每天8次定时把各种气象观测数据向世界气象组织发报。世界各地包括国内都是根据南郊观象台气象数据来了解北京天气。我们在北京天气信息中也会常听到以南郊观象台来代表北京天气。北京市观象台历经多次迁站,于1997年7月正式落户于大兴旧宫地区,即我们常听到的南郊观象台。

## 2.2.3 4月

北京地区4月气候特点:北京气候学上的春天一般从4月初开始,百花争艳,万紫千红。此时北京进入春季旅游旺季。4月气温回升很快,气候温暖、干燥,大风、沙尘较多,降雪和霜冻天气少,同时降水也逐渐增多。本月还是春季沙尘多发时期,是沙尘天气最多的月份,风沙日平均为5.6天,居各月之首,最多可达15天。

2.2.3.1 4月气象服务敏感要素、敏感点

寒潮、春季大风、沙尘、雾、霾、终霜冻、倒春寒、强对流、初雷、冰雹、花粉浓度、杨柳飞絮、紫外线强度、昼夜温差。

2.2.3.2 4月气象服务重点与提示

寒潮、春季大风、沙尘、雾、霾天气影响与提示同3月部分。

(1)倒春寒

指春季(3—5月)出现的前期暖后期冷,且后期气温明显低于正常年份的现象。按照强度分为轻度倒春寒、中度倒春寒和重度倒春寒。具体划分方法见国家标准《倒春寒气象指标》(GB/T 34816—2017)。

**倒春寒影响**

"倒春寒"发生时,可使正处于返青或拔节生长阶段的冬小麦遭受不同程度的冻害,可使已经播种尚未出土的棉花、水稻等农作物出现烂种,已经出土的幼苗大量被冻死,需提示农业管理部门和农户注意防护。

对于公众来说,春季气温变化无常,骤然升降,空气寒冷而干燥。由于天气转暖以后,人们身体的抗寒能力和抗病能力出现下降,会经受不住突然袭来的冷空气的刺激,直接影响呼吸道黏膜的防御功能,全身的抗病能力整体下降。因此,春季是流感、流脑、病毒性肝炎等多种疾病流行或复发的季节,同时,呼吸道疾病和心脑血管疾病患者也明显增多,尤其是抵抗能力较低的老人和儿童,如不注意预防,"倒春寒"对人体的健康会带来不利影响。

**倒春寒服务提示**

① 预防"倒春寒"的袭击，公众应注意收听收看天气预报，根据天气变化，注意防寒保暖，适时、适度增减衣物，一般可遵循"春捂"的规律。尤其春季早晚气温较低，可适当"捂"。在阳光充足的中午，气温达 10 ℃ 以上时，便可适当减少衣物。

② 提醒注意防感冒和心脑血管等疾病。特别是老年人的热平衡能力较差，而且循环系统已不像年轻人那样旺盛，很容易受到"倒春寒"的刺激，不但容易患感冒、哮喘等呼吸道疾病，而且在"倒春寒"期间高血压，脑出血发病率明显增高，这是因为交感神经受寒冷刺激兴奋度增高，全身皮肤表层毛细血管收缩，使血流阻力增大，从而导致血压升高。

③ 农业和园林等部门提前做好植物防冷害、冻害的防御措施。

（2）强对流与初雷

4月后天气变暖，大气越来越不稳定，有时发展较强的积雨云还会带来雷雨、大风、冰雹等强对流天气，个别年份还会出现暴雨。观象台记录最早的初雷时间为 2019 年 3 月 20 日，其次为 2002 年 3 月 29 日。从历史上看，3月后期开始北京有出现雷雨的可能，到 4 月、5 月份开始，雷雨日数逐渐增多，但其次数相对夏季而言要少。

雷暴是伴有雷击和闪电的强对流性天气。其水平范围为几千米到几十千米，伸向高空的高度可达 8~15 千米；可持续几分钟到几十分钟，通常伴有阵雨、大风，有时也伴有冰雹或龙卷风。

北京地区雷暴日数常年可达 30~50 天，夏季是雷暴最为频繁的季节，约占全年的 80%，一般在春季开始、秋季结束。从雷暴发生区域来看，山区多于平原。一般多生成于午后至傍晚，高峰出现在 17—20 时。北京多系统性雷暴，纯热力对流性雷暴很少，入侵方向多为西北方向，其次为西南和东北方向。

**雷暴主要影响**

雷暴是一种严重的灾害性天气，具有极强的破坏性和杀伤力，直接威胁着人们的生命和财产的安全。

近年来发生在北京雷暴灾害对城市的正常运转和城市安全形成了很大的威胁，对市民生活、人民生命财产安全造成很大影响。雷击可导致人员伤亡，引起油库和森林火灾，造成供电及通信系统故障或损坏，对航天、航空及一些敏感的技术装备具有重大威胁。当人遭受雷击时，电流迅速通过人体，轻者受伤，重者可导致心跳、呼吸停止，脑组织缺氧而死亡。

**雷暴服务提示**

① 做好各种建筑物防雷装置的安装、维护和检测工作。

② 易燃易爆场所停止一切活动（如加油、充煤气、喷涂等）。

③ 切断危险电源，为防止电器设备损坏可提前拔掉电视机、电脑等电源、天线插头。

④ 关闭门窗。提前关好门窗，以防侧击雷和球状雷侵入，远离靠近外墙的门窗。

⑤ 室外活动人员要密切关注天气变化，必要时停止室外活动，迅速离开危险环境，进入安全场所避雷；避雷的场所，总的来说是室内比室外安全；有避雷装置的比没有避雷装置的安全；低处比高处安全。

⑥ 避免在孤立的树下、电杆下、塔吊下避雨。

⑦ 暂停使用电话、对讲机等，不要使用带有外接天线的收音机和电视机等电器，远离带电设备。

⑧ 室外远离金属。不要接触煤气管道、铁丝网、金属门窗等金属物品。

⑨ 户外遇到雷雨天气时不要停留在高楼平台、山顶、山脊或建(构)筑物顶部,要到有避雷针或钢架的建筑物里藏身,但不要靠近防雷装置的任何部位。在缺少防雷装置的建筑内不要使用淋浴器、太阳能热水器、水龙头等,因水管与防雷接地相连,雷电流可通过水流传导而致人伤亡。

⑩ 高压电线遭雷击落地时,不要靠近,当心地面"跨步电压"的电击。正确的逃离方法是双脚并拢,蹦着离开危险地带。在雷雨天气中,不宜快速开摩托、快骑自行车和在雨中狂奔,因为身体的跨步越大,电压就越大,也越容易受到雷电伤害。

⑪ 雷电凶猛时,身上的金属物件可能会因为感应雷对身体造成伤害,必要时应果断丢掉;如果遇到多人一起避雷,千万不要手拉手,避免一人被雷击,全部遭殃。

⑫ 避雷针的原理是通过主动"引导"雷电按照设计好的路线,打到接闪器上,通过引下线最终从接地体安全地引入大地中。但仍存在雷电绕过避雷针、打到建筑物上的绕击现象。此外避雷针只能防护直击雷,防御电子电器设备最怕的感应雷,还需采取电磁屏蔽、等电位连接、安装电涌保护器、合理布线等措施。

(3)紫外线

对于北京来说,随着太阳高度角的变化,4月起,紫外线强度明显上升,据分析,北京全年紫外线最强的月份是4月、5月、6月,即在一年四季中,春季紫外线强度最高,致敏性也最强,冬季则最低。

**紫外线影响与防护常识**

严格地讲,一年四季无论什么时候都需要防晒,而春季防晒更为重要。因为冬季天气寒冷,毛孔闭合,春季逐渐变暖,毛孔慢慢打开,紫外线会对皮肤产生更大的影响。

初春的阳光虽感觉柔和,其实其中的紫外线相当强烈,长时间户外活动时,除了给裸露皮肤涂抹防晒霜之外,遮阳伞、太阳镜、帽子等遮阳物品也是非常需要的。如果在日光较强的户外长时间停留,则应每隔2小时左右再涂抹一次防晒霜。由于紫外线能穿透薄云,因此,即便是阴天出行也应使用防晒霜。穿着上最好选择深色(如黑色、藏青、深绿、红色等)的棉质衣物,能够更好地阻挡紫外线对皮肤的照射。

科学饮食能帮助减轻紫外线伤害。维生素C、维生素E、维生素B,以及胡萝卜素、番茄红素等具有很好的抗氧化作用,能保护人体细胞免受紫外线侵袭,有效防止皮肤发生光老化损伤,坚果、鱼肉、动物肝脏及橙子、西红柿、花椰菜等食物都富含以上营养素,可适当多吃。而油菜、菠菜、无花果、白萝卜、芹菜、香菜等果蔬含有光感性物质,可诱发春季日光性皮炎,应尽量少吃或不吃。

(4) 花粉浓度

4月的北京,气候回暖,花草开始繁茂,花粉浓度会呈明显上升趋势。花粉随着春风在空气中飘散,令花粉过敏人群苦不堪言。北京地区春季花粉过敏源多为木本植物中的乔木,如松科、柏科、杨柳科、白蜡、银杏科、桦木属、悬铃木、桑科等。这些植物的花粉均为气传花粉,是空气中主要的吸入性致敏原,具有很强的抗原性。花粉过敏症状有:打喷嚏、流清涕、鼻痒、鼻塞,伴随眼痒、流泪等。我国城市居民花粉过敏发病率为1‰~5‰,北京地区呼吸过敏病人中共有1/4~1/3为花粉过敏。

**花粉浓度服务提示**

① 花粉浓度较高季节,易过敏人群应尽量避免外出,特别是避免到花草树木多的公园和野外,减少与过敏源接触。一般上午10时

到下午 5 时花粉浓度较高,外出容易引发过敏,敏感人群尽量避开这段时间出门。

② 花粉季内,敏感人群外出可"看天"进行防护。晴朗微风气温高的天气利于花粉浓度升高,明显降雨和 4 级以上风力有助于花粉浓度下降。

③ 花粉易过敏人群外出最好佩戴口罩,用镜片眼镜代替隐形眼镜,或戴太阳镜;如果在外接触到了较多的过敏源,可以回家后进行鼻腔清洗。

④ 如过敏性症状较为严重,可使用"花粉阻隔剂"来减少吸入的花粉颗粒,也可在医生的指导下进行药物治疗。

(5)杨柳飞絮

杨柳树属于雌雄异株,飞絮来自杨柳树的雌株。春季雌花序授粉后生成一个个小蒴果,发育成熟的小蒴果逐渐裂开,白色絮状的绒毛便携带着种子随风飞舞,借风力传播种子,繁衍后代,形成了"杨柳飞絮",是植物正常的生理现象。杨柳飞絮具有明显的周期性和季节性,由于树种及环境温度差异,从市域范围看,飞絮期一般从 4 月上旬到 5 月下旬,持续 50 天左右。杨柳树是北京的乡土树种,北京五环内共有杨柳雌株 28.4 万株左右(2019 年),为北京生态建设做出了巨大贡献。其中,杨树是北京最高大的树种,撑起北京绿色的"天际线";柳树则是北京地区发芽最早落叶最晚的树种之一,承载着老北京的故事和乡愁。

杨柳絮飘飞和天气的关系密不可分。以华北地区最早开始飘絮的毛白杨为例,只有当日平均气温大于 0 ℃时,才是对毛白杨生长发育有用的温度,将这些超过 0 ℃的数值累加起来,当累计温度总和达到 480 ℃·d,而且日平均气温达到或超过 14 ℃的时候,杨絮就开始飘飞。气温升高、光照充足、空气湿度小以及一定的风速都有利于飞絮的飘散。

北京杨柳飞絮第一次高发期出现在4月上旬,主要影响五环内城区,主要飞絮树种为毛白杨;第二次高发期4下旬至5月上旬,区域为城区和平原地区,主要飞絮树种为欧美杨、青杨、垂柳及旱柳;第三次高发期5月中旬,主要区域为山区,对城区无明显影响,主要飞絮树种为部分欧美杨。

**飞絮防御指南**

① 外出时要做好个人防护,一次性防尘口罩、墨镜、防护镜、纱巾等均可起到有效遮挡飞絮作用。外出回来后用清水及时清洗面部,用生理盐水清理鼻腔、口腔。如出现过敏症状,及时就医,排查过敏源。

② 进行户外锻炼等室外活动尽量选择在早晨、傍晚或雨后等飞絮较轻的时段。一般晴朗天气里,上午10时至下午4时是飞絮的高发时段,过敏体质的人应尽量避开这个时间段外出。

③ 居家期间,请注意关闭纱窗,避免飞絮飞入室内。室内飞絮可用吸尘器及时清理,做喷水湿化后清扫。尤其注意及时清理附着在电暖器等加热电器上的飞絮。加大对汽车和精密仪器等设备的检查,发现飞絮积存要及时清理。

④ 注意消防安全,严禁乱扔烟头,严禁明火引燃飞絮。飞絮治理信息:北京市园林绿化局科技处处长姜英淑介绍,为了让治理工作事半功倍,近年来全市进行分区域、分时段、多措施的精准治理,在飞絮高峰期打出"洒、喷、冲、扫"组合拳。每天早高峰前,将及时对前日积存飞絮进行湿化和清扫,晚高峰前,再次进行湿化和清扫,降低飞絮对市民出行的影响。

"每天的 10 时到 16 时是果絮开裂集中时段,各区将对飞絮情况严重的杨柳树和林地绿地中滞留飞絮及时进行高压喷水、喷雾,对硬化路面及时进行湿化和清扫。"姜英淑说,特别是对行道树和成片树林,要在确保安全条件下利用高压喷水车、雾炮车等冲刷树冠,冲掉花序。而在风雨天后,还将加大对掉落杨柳果絮清扫力度。

(6)昼夜温差

春天是一年中天气变化幅度最大的时期。特别是气温,乍暖还寒,冷暖骤变。

**穿衣提示**

① 春天尽管天气转暖,但是气温变化大,尤其是早晚与中午的温差还相当大,因此,宜采用方便增减的"洋葱穿衣法"。

② 春天过早地骤减衣物,一旦寒气袭来,会使血管痉挛,血流阻力增大,影响机体功能,造成各种疾病,所以"春捂"习惯要适当保持,衣服宜渐减,衣着宜"下厚上薄",体质虚弱的人要特别注意背部保暖。

(7)晚霜冻

霜冻是在春、秋季节交替转换时,地表温度骤降到 0 ℃ 以下,致使作物受损甚至死亡的农业气象灾害。霜冻在秋、冬、春三季都会出现。每年春季,最后一次出现的霜冻称为终霜日。在初春气温回暖季节里,受北方强冷空气南下影响,短期内近地面气温骤然降低至 0 ℃ 以下,使作物遭受冻害或死亡。北京平原地区的终霜日一般出现在 4 月上旬和中旬,也有年份到 4 月底 5 月初时还有霜冻。

春季是北京地区发生冻害的多发时期,北京春季气温比常年偏低和出现"倒春寒"的概率,约占 50% 以上。

**晚霜冻主要影响**

晚霜冻的出现常常给返青的小麦及其他幼苗造成冻害。对园林植物的危害主要是使植物组织细胞中的水分结冰,导致生理干旱,而使其受到损伤或死亡,给园林生产造成巨大损失。

**晚霜冻农业服务提示**

① 灌水法:就是在霜冻来临前,田里灌满水,增加近地面层空气湿度,保护地面热量不散失,提高空气温度。

② 熏烟法:就是霜冻来临时,燃烧杂草、残枝落叶等,使地面笼罩一层烟幕,防止地面热量散失,一般能使近地面层空气温度升高 $1 \sim 2$ ℃。

③ 遮盖法:就是在小面积的经济作物或蔬菜地里盖上稻草、麦秆、杂草、草木灰等。

④ 施肥法:就是在霜冻来临前 3~4 天,在田里施上厩肥、堆肥和草木灰等,既能提高地温,又能增加土壤团粒结构,提高土壤肥力。

2.2.3.3　4月极端天气案例

(1)雷电

1998年4月15日,崇文区、海淀区、密云县、怀柔县、顺义县等区县近百台电话机、电视机遭雷击破坏;顺义县空港工业区停电,院内仓库防火自控系统破坏,经济损失10万元以上;同日,19时30分左右,门头沟区一单位遭雷击,计算机、调制解调器、通信等系统严重破坏。

1998年4月22日,中央电视塔遭雷击,造成整个安全监控系统无法运行。

2011年4月22日14时34分,地铁10号线巴沟至知春路区段信号发生故障,原因是地面信号设备遭遇雷击,将一块电路板击穿。受其影响,列车运输能力降低,运行间隔被迫由5至6分钟加大到8至10分钟,造成乘客候车时间加长。

(2)大风、沙尘

1986年4月18—19日,全市大部分地区出现10级左右大风,刮坏大棚155个,西瓜、蔬菜受冻25万余亩,风后受冻小麦6万余亩。

1993年4月9日,11级寒潮大风将北京火车站近百米的巨大广告牌连同基础墙一起刮倒,造成2人死亡,数十人受伤。

2000年4月6日12时许,整个北京城笼罩在风沙当中。强沙尘天气使一些地区的能见度不足100米,路上的车辆纷纷打开了车灯,雨刷也纷纷启动用于清除挡风玻璃上满布的沙尘;一些建筑工地停止了作业;48次航班备降天津等地机场,延误航班60架次,返航6架次,取消4架次。地面交通事故比平日增加20%～30%。

2000年4月7—9日,怀柔、顺义、延庆、通州、朝阳、大兴、昌平出现大风,10分钟平均最大风速14.1米/秒(相当于瞬时极大风速20.9米/秒)。大兴国家粮食储备库粮囤损坏,粮食外溢,损失2万余元。通州区徐辛庄、宋庄等22个乡镇部分日光温室和大、中、小棚的薄膜被大风撕裂,草毡被刮坏,露地地膜被卷走,棚内十几种蔬菜被大风吹蔫、冻伤。受灾面积18423亩,直接经济损失4143万元。

2006年4月16—18日,北方地区出现一次强沙尘暴天气过程,北京一夜总降尘量达33万吨。

(3)4月飞雪

2010年4月26日,八达岭长城、延庆县城等区域出现降雪。这是延庆近年来较晚的一次降雪,北京最晚的终雪日期在5月中旬。

(4)强降雨

2008年4月20—21日,降水量达50毫米;2007年4月25—

26日,过程降水量达34毫米;1998年4月22—23日,降水量46毫米;1989年4月20—21日两天共降水35毫米。

(5)寒潮、霜冻

1993年4月8—11日,受强冷空气影响,京郊最低气温降至0℃以下,有9万余亩菜田受冻害,27万亩果树花蕊受冻害。

2010年4月13日北京发出历史上第一个霜冻蓝色预警信号。4月14日,市气象台报告北京地区遭遇近30年历史上最强、最晚一次倒春寒。24小时内,实况监测气温下降超过10℃;次日凌晨,北部山区气温普遍低于0℃,延庆北部山区最低只有-4℃。

(6)冰雹

2012年4月18日19时45分左右,北京部分地区突降冰雹,蚕豆大的雹子打得车顶乒乓作响,整个降雹过程持续10分钟左右。

### 2.2.3.4　4月公众热点问答

(1)问:这个时期天气有什么特点?

答:天气在继续回暖,但气温变化幅度比较大,易出现"春来冬又回"的现象,为感冒多发期。春雨贵如油,此时的风明显减弱了寒意,春风拂面,温暖的感觉越来越浓厚。不过春天的天气比较善变,风雨降温、暖阳升温随机切换。

(2)问:这个时候是不是要"春捂"?

答:初春时节气温整体呈回升趋势,但此时冷空气影响频繁,气温波动大,而且昼夜温差大,也是这个时期的特点,所以适当"春捂"更有利于身体健康。尤其早出晚归的人群更要注意及时增减衣物,谨防受凉导致免疫力下降,引发疾病。

(3)问:下小雨对交通的影响应该不会很大吧?

答:根据交通部近几年的事故资料统计,造成交通事故率最高的天气是小雨。可能由于很多司机忽视了小雨对驾车的影响,对车速的控制不利导致事故。比如小雨导致路面湿滑,驾驶员没有及时减速,容易造成追尾和剐蹭等事故。

(4)问:一说到紫外线,人们总是要躲着它,难道它就没有点好处吗?

答:紫外线照射人体时,能促进人体合成维生素 D,以防止患佝偻病;另外,阳光中的紫外线能够杀死细菌和病毒等微生物,阳光充足时可以晒晒被褥,有利于健康。

(5)问:4 月里有一年一度的"清明节",在此期间有什么需要注意的?

答:清明节是我国重要的传统节日之一,期间习俗众多又逢春暖花开,虽免不了"洒洒沾巾雨"的悲欢离合,但也是"春城无处不飞花"的大好出游时节。在提醒公众假期出游出行关注天气变化的同时,特别强调提倡文明祭扫,风干物燥,严禁野外用火,杜绝一切火灾隐患。

(6)问:"谷雨"节气特点是什么?

答:按照二十四节气,谷雨是春季的最后一个节气,谷雨时节下雨对谷类作物非常有利,故有"雨生百谷"之说。进入谷雨节气雨水将呈增多趋势。

## 2.2.4 5月

北京地区 5 月气候特点:5 月为春季的最后一个月,是春季向夏季转换过渡时期。气温回升迅速,春风拂面,阳光和煦,气候宜人,是外出旅游的佳期。但降雨天气增多,强对流逐渐呈多发趋势。大风、沙尘天气比 4 月明显减少。日平均气温可达 20 ℃左右。

#### 2.2.4.1　5月气象服务敏感要素、敏感点

春夏转换、强对流天气(冰雹、暴雨)、花粉浓度、紫外线强度。

#### 2.2.4.2　5月气象服务重点与提示

(1)春夏转换

根据《气候季节划分》标准,当年5日滑动平均气温序列连续5天大于或等于22 ℃,则以其所对应的当年气温序列中第一个大于或等于22 ℃的日期作为夏季起始日,如果初次判断的起始日期比常年偏早15天以上,需进行起始日的二次判断。北京常年平均入夏日为5月19日。

(2)强对流天气

强对流天气指的是发生突然、天气剧烈、常伴有雷雨大风、冰雹、龙卷风、局部强降雨等强烈对流性灾害天气,是具有重大危害的灾害性天气之一。强对流天气发生在对流云系或单体对流云块中,发生于中小尺度天气系统,空间尺度小,一般水平范围大约在十几千米至二三百千米,有的水平范围只有几十米至十几千米。其生命史短暂并带有明显的突发性,约为一小时至十几小时,较短的仅有几分钟至一小时。这种天气破坏力很强,世界上把它列为仅次于热带气旋、地震、洪涝之后第四位具有杀伤性的灾害性天气。

**强对流天气形成原因**

强对流天气其实是由于大气热力不稳定使空气强烈的垂直运动而导致的天气现象。最典型的就是夏季午后的强对流天气:白天地面不断吸收太阳发出的短波辐射,温度上升,并且放出长波辐射加热大气。当近地面的空气从地球表面接收到足够的热量,就会膨胀,密度减小,这时大气处于不稳定的状态。这就像水缸里的油和水一样,

当密度较小的油处于水缸底部,而水处于上部时,一定会产生强烈的上升运动,最终油会浮到水面上。同理,近地面较热的空气在浮力作用下上升,并形成一个上升的湿热空气流。当上升到一定高度时,由于气温下降,空气中包含的水蒸气就会凝结成水滴。当水滴下降时,又被更强烈的上升气流携升,如此反复不断,小水滴开始积集成大水滴,直至上升气流无力支持其重量,最后下降成雨了。这也是为什么夏天雷雨不像春雨那样细雨绵绵,水滴较大的原因。

**强对流天气灾害**

强对流天气灾害大体上可将其归纳为风害、涝害、雹害、雷电灾害。强对流天气发生时,往往几种灾害同时出现,对国计民生和农业生产影响较大。

飑线、龙卷风和雷雨大风最突出的致灾因素是强风。尽管飑线的水平尺度小,但在其影响的范围内常会发生强风雨灾害,可导致树木折倒、房屋掀翻、人畜受伤害和庄稼倒伏等后果。强对流天气对农业生产的直接危害是外力摧毁庄稼,间接危害是由内涝诱发和传播病虫害致庄稼减产甚至绝收。

同时,强对流带来的雷电、冰雹、强降雨也给公众交通出行、户外活动及城市运行安全带来重大影响。具体可见单项天气的影响及防御。

**强对流天气服务提示**

强对流天气突发性强,公众应在强对流天气多发季节密切关注天气变化,及时主动获取预报预警信息,提前做好防范。其次,强对流天气发生时,瞬时大风容易造成树木折断和房屋倒塌,进而造成人员伤亡。在大风出现时,公众要远离易折断的树木、广告牌以及危房等。此外,要加强对雷电的防范,不要待在空旷的环境中,应躲避到有避雷设施的建筑物里;如果在室外,有车的话要尽量在车内躲避。

(3)冰雹

4—5月伴随强对流天气强度的增加，冰雹天气呈增多趋势。冰雹，也叫"雹"，俗称雹子，春夏之交或夏季最为常见，气象上根据冰雹直径的大小，分为小、中、大和特大冰雹4个等级。标准如表2-2所示。

表2-2　冰雹等级划分标准

| 等级 | 冰雹直径($D$)（毫米） |
| --- | --- |
| 小冰雹 | $D<5$ |
| 中冰雹 | $5 \leqslant D < 20$ |
| 大冰雹 | $20 \leqslant D < 50$ |
| 特大冰雹 | $D \geqslant 50$ |

北京地区冰雹主要出现于主汛期的始末，有两个峰值期，前一个在6月上中旬至7月中旬，常称之为"第一个雹季"，后一个在8月中旬至下旬期间，称为"第二个雹季"，两季之间夹着一个"七下八上"的相对低值期。6—8月的冰雹次数占全年的67.6%。

一日之中出现冰雹的概率以午后多，上午和夜间较少。雹区范围不大，通常宽几千米，长几十千米，多呈带状分布，有"雹打一条线"之说。持续时间一般几分钟到十几分钟，最长可达1小时。

**形成机制：**

冰雹是从发展强盛的积雨云中降落的固态降水物，有球状、锥状和不规则形状等。冰雹云个体高大，很像耸立的高山。冰雹云是雷雨云进一步发展而成的。它的云层一般很厚，云中对流很强，云顶高度可达10000米以上的高空，温度一般低至−30～−40℃。云体的下部是暖云，距地面1000米左右，温度较高，多为水滴；云体的中、上部是冷云，主要由冰晶、小雪花和过冷水滴混合组成。冰雹云中上升气流很强,它将云下部不断增长的水滴送到云的中部成为过冷水滴。云中的下沉气流可将上部的冰晶、雪花带到中部,过冷水滴与冰晶或与雪花碰撞在一起,逐渐增长而形成霰或自然冻结成冻滴。冻滴和霰就是冰雹的核心。由于云中含水量较为丰富,上升和下沉气流在云中不断地上下起伏运动,大量的过冷水在冻滴上或霰上冻结或凝华,冰雹核就形成了。冰雹核在云中 0 ℃ 层随上升和下沉气流不断升降、运动和增大,就像"滚雪球"越来越大,当上升气流再也托不住不断增大的冰雹时,便降落到地面,成为我们所看到的冰雹了。

冰雹形成的时间很短,一般仅有 5～10 分钟左右。其直径一般为 5～50 毫米,大的可达 300 毫米以上。

**分布特征:**

北京冰雹的源地都在山区,基本上都出现在高山背风坡附近 4～6 km 的地方,山谷风的热力效应和动力抬升作用对雹云的形成起着不可忽视的作用。因此,北京地区冰雹的地理分布有如下特征:

① 西北部地区多,东南部地区少,即山区多,平原少,呈从山区向平原递减性分布。

② 从西北部的延庆分别向东北和西南扩展,城区及大兴、顺义、通州一带的平原区为少雹区。

③ 冰雹的地理分布特征与北京"三面环山"的地形特征相符合,地形的影响是北京地区冰雹形成机制之一。

**冰雹主要影响**

冰雹灾害是由强对流天气系统引起的一种剧烈的气象灾害,它出现的范围虽然较小,时间也比较短促,但来势猛、强度大,并常常伴随着狂风、强降水、急剧降温等阵发性灾害性天气过程。猛烈的冰雹常常打毁庄稼,损坏房屋,砸伤砸死人员和牲畜,砸坏车辆等,给农业、建筑、通信、电力、交通以及人民生命财产带来巨大损失。

**冰雹服务提示**

① 注意收听收看当地的天气预报,了解天气变化趋势,做好防雹准备。

② 妥善安置易受冰雹大风影响的室外物品,比如把车辆从露天停车场转移到地下停车场或室内停放,或苫盖防雹。

③ 暂停户外活动,不要随意出行,老人、小孩最好留在家中。农户把牛、羊等转移到棚室内。

④ 当冰雹来临时,如在室外,要迅速在最近处找到带有顶棚、能够避雷防雹的安全场所,防止冰雹的袭击。

⑤ 农、林作物采取防护措施。

(4)暴雨

从北京地区暴雨年分布统计来看,5月特别是5月下旬是暴雨开始出现的时期。经过冬春季降水稀少时期,人们对暴雨的防御观念还未到位,会给城市运行和公众出行带来较大影响,需要引起预报服务人员高度关注。

### 2.2.4.3　5月极端天气案例

(1)暴雨、冰雹

1986年5月30日,房山、大兴降暴雨,房山县张坊日雨量52.2毫米。大兴县果树、西瓜、蔬菜等共受灾1.18万亩。

1987年5月2日,密云、顺义、朝阳等3个区县的12个乡受雹灾,最大雹径25毫米,地面积雹6~7厘米,受灾面积1.8万亩,其中重灾7000余亩。

2000年5月17日,顺义区牛栏山、赵全营乡出现冰雹天气,降雹持续约十分钟,冰雹大如鸡蛋,密度为40~50个/米$^2$,砸坏许多太阳能装置、塑料大棚,砸死野外放鸭1000只;1.3万亩小麦、0.4万亩果树受损。

2005年5月31日13—20时,北京境内多次遭冰雹袭击,共有10个观测站点出现冰雹,个别伴有短时雷暴大风。14—15时,冰雹自西向东横扫北京城区,南郊观象台最大雹块直径达50 mm,冰雹的最大平均重量为37克,为历史罕见。造成9万人受灾,直接经济损失4000余万元。

(2)大风、沙尘

1981年5月1—3日,北京市因寒潮发生8级大风。刮坏塑料薄膜大棚600多个,中小棚和地膜覆盖损失极为严重。

1982年5月2—3日,北京市发生8～9级大风,京郊已定植的茄子、西红柿等有5%～20%被风吹成光秆。刮坏四季青大棚57个。房山县倒树1700多棵。周口店乡水泥厂10米高烟囱和娄子水村乡镇工厂1700平方米厂房被刮倒。

2008年5月20日,北京遭遇沙尘天气,行人、高楼大厦被弥漫的沙尘所笼罩。

(3)雪灾

1994年5月2—4日,北京市北部山区(怀柔、密云、平谷)遭受雪灾。2日晨6时至4日5时,密山新城子乡雨雪量达96.3毫米,积雪深达15厘米,几万棵树木及高压线路被雪压折断,电力通信中断20小时,经济损失60多万元。

### 2.2.4.4　5月公众热点问答

(1)问:此时天气有什么特点?

答:天气转热,雷雨增加,天气多变,气温波动的幅度在减小,不像早春时节前后两天的气温能差十多度,5月特别是下旬的气温相对比较平稳,呈稳步升高的趋势。

(2)问:什么是气象灾害?

答:从大的方面可以分为天气灾害和气候灾害两类。天气灾害指的是大范围或局部地区发生在短时间内的强烈异常天气所造成的灾害,比如大范围的寒潮、台风等天气灾害,或局部地区、区域所发生的暴雨、冰雹、龙卷风等灾害。这些灾害常伴随有强风、暴雨和降温等。气候灾害指的是大范围、长时间、持续性的气候异常所造成的灾害,比如长时间气温偏高或偏低,降水量偏多或偏少而形成的洪涝、干旱、低温冷害等灾害。这两种灾害都是天气因素造成的,只是强调了影响时间不同,一个是比较短,一个是比较长。在我国总受灾面积中,干旱灾害所占比例最大,约占 51%;其次是洪涝灾害,占到了 27%。

(3)问:气象灾害产生的原因是什么?我们能做些什么?

答:由天气原因造成的气象灾害是比较多的。尽管这里面的原因是多方面的,但归纳起来主要是自然因素与人类活动和社会经济因素两大类。就自然因素而言,最为根本的是大气环流和天气过程的异常,而人类活动和社会经济发展是气象灾害发生的重要诱因。随着社会经济的发展、文明的进步,人类活动的影响已经不再是局部性问题,如温室效应加剧、环境污染等已经对天气、气候及极端天气气候事件产生影响,并导致了全球气候变化。我们必须在日常生活中树立良好的节能意识,从每个人做起,从小事做起,来共同保卫我们的地球家园。

随着社会发展,城市防灾减灾具有新的特点,如突发性、局地性、影响人群多、损失大等,常使城市功能短时瘫痪。常见的气象灾害包括暴雨、雷电、洪涝、干旱、大风、冰雹、大雾、沙尘暴、高温热浪、低温冻害、雾、霾、台风等。比如,暴雨常会导致城区积水内涝,给山区带来山体崩塌、泥石流等地质灾害。强对流带来的雷电、大风、冰雹等天气常表现为突发、猛烈,致灾风险高。这些灾害性天气,常会给人们生产生活带来不利影响,有时还会带来生命财产的损失。

减少暴雨带来的城市内涝,就要解决城市排水系统的配套、提高标准。现在中心城区 80% 为水泥和柏油路面,所以要使用渗水性更好的材料,一方面能够增加地下水补给,另一方面减少排水系统的压力。避免大风灾害,城市中的大型广告牌的安装要考虑本地城市的最多风向,减小迎面阻力,及时修理树木。减轻高温城市热岛,就要扩大城市绿地,重视小区建设的小气候规划,保证有利于自然风的通畅。干旱会给城市供水带来严重影响,节约用水、水的重复利用和保护水源非常重要。

(4)问:什么可以叫作高温日?需要注意些什么?

答:气象上把日最高气温达到 35 ℃ 或以上的这一天定义为一个高温日。春夏之交,由于人体对高温天气一下子还难以适应,所以更应注意此时天气对健康所带来的影响。65 岁以上和 4 岁以下儿童由于对温度的自我调节能力不足,应减少或避免高温环境活动;室外作业者也要采取防暑降温措施;中午前后外出者要防止长时间阳光的直接照射。高温会使人的心跳、血液循环加快。轻度中暑会有面色潮红、胸闷、呕吐、口渴、出汗、四肢无力、头昏、心悸等现象。最好的办法就是降温,但是要注意不要一下子到温度过低的环境。要注意多喝水、吃清淡的食物,当然休息好也很重要。外出时最好带些清凉油、十滴水、藿香正气片(丸、水)等防暑药。

(5)问:这个季节需要注意些什么?

答:着装:春夏之交,随着外界气温的逐渐升高,人体皮肤、肌肉血管的舒张由弱转强,血液循环加快,大脑皮层兴奋性增高,以适应散发体热及白昼延长的需要。故在此季节,衣着方面要注意及时增减衣物,早晚期间穿方便穿脱的外套,中午气温高时可以脱掉外套,少穿一些。

饮食:食物宜逐渐以清淡为主,多食蛋白质含量较高的鱼类、瘦肉、豆制品、乳制品等,以及绿叶蔬菜,也可酌情吃苦瓜、苦菜等带有苦味的蔬菜,既能清热,又富有营养。食物要生熟分开,避免交叉感染。

我国自古就有"冬吃萝卜夏吃姜,不劳医生开药方"的说法:按中医理论,生姜是助阳之品。姜含有挥发性姜油酮和姜油酚,具有活血、祛寒、除湿、发汗等功能,此外,还可健胃止呕、驱腥臭、消水肿。故医家和民谚称"家备小姜,小病不慌"。俗话说:"三分医,七分养,十分防。"可见养生的重要性。养生是条漫长的路,越早走上这条路,受益越多。酷夏热、出汗多,多吃点醋,能提高胃酸浓度,帮助消化和吸收,促进食欲。番茄红素有一定的抗前列腺癌和保护心脏的功效,所以喝点番茄汤,既可获得养料,又能补足水分。

出行关注天气变化:在降雨天气里,由于对流原因常会伴有短时风速比较大,所以有强对流天气来临的时候,户外要注意远离比较危险的树木、围墙和不太结实的简易房。如果附近有雷电,要避免使用手机。

这个季节太阳下山后,气温下降速度比较快,早晚的天气依然感觉会有些凉,提醒出门早的朋友切不可穿得太少。

要注意防晒和皮肤保湿,5月空气依然比较干燥,大部分白天紫外线强,外出需遮阳防晒,涂防晒霜和有保湿作用的护肤品,适量多喝些水。还需要注意的是,大气透明度很好的天气里,阳光比较刺眼,驾车出行的朋友,要注意戴墨镜和适时放下遮阳板等必要的防护措施。

(6)问:"小满"节气有什么意义?

答:是二十四节气中第八个节气,它是一个表示物候变化的节气。从气候特征来看,在小满节气到下一个芒种节气期间,全国各地都是陆续进入了夏季,南北温差进一步缩小,降水进一步增多。此时宜抓紧麦田虫害的防治,预防干热风和突如其来的雷雨大风的袭击。

(7)问:"立夏"之后北京的天气有什么特点?

答:首先是气温上升。此时平原地区的平均气温在19 ℃左右,比谷雨节气上升3 ℃左右,平均最高气温在25~26 ℃,最高的可以上到35 ℃以上;其次,日较差加大,最大日较差可达25 ℃以上。也就是早晚凉快,中午炎热,可能早晨是10 ℃,中午可达35 ℃,所以这段时间穿衣服要灵活,穿方便脱换的,即人们说的"洋葱穿衣法"。还有随着气温升高,雷阵雨等强对流天气也会增多,但降雨次数和降雨量还不多,毕竟还是在水汽不是很充分的春夏之交时期。

## 2.3 夏季(6月、7月、8月)

### 2.3.1 北京夏季天气气候特点

炎热多雨是北京夏季气候的主要特点。

夏季是北京一年当中气温最高的时期,平原地区平均气温在25 ℃左右,年极端高温一般出现在6月中旬至7月上旬,平原地区年极端最高气温可达40 ℃左右,其他地区在39 ℃左右。7月为全年最热月,高温持久稳定,昼夜温差小,平均气温在26 ℃左右,极端最高曾达41.9 ℃(1999年7月24日)。

夏季也是一年中天气变化最剧烈、最复杂的时期,降雨主要集中在这段时间里。特别是7月下旬和8月上旬,常常是大雨和暴雨的集中期,常被称作"七下八上"。由于北京受季风气候的影响,降水的季节分配极不均匀,北京地区的年降雨量为580 mm左右,夏季降水约占全年降水量的75%,而7—8月降水量要占65%左右。夏季不但降水集中,且经常出现强对流天气,易造成暴雨、冰雹和雷雨大风等灾害性天气。

夏季降雨多呈阵性,常伴有雷暴,逐时雨量有明显的日变化,午后至前半夜的降雨量明显多于其他时段的雨量,雷暴次数与雨量有类似的日变化趋势。

**主要影响天气系统:**

副热带高压、东北冷涡、蒙古气旋(低涡)、河套低涡(倒槽)、西南低涡等。

## 2.3.2 6月

北京地区6月气候特点:本月开始进入夏季,天气日趋炎热,降水明显增多,多高温、强对流天气,但刮西北大风和沙尘天气明显减少。进入6月,北京地区阵性降水明显增多,多为雷阵雨天气,暴雨和冰雹天气也时有发生。炎热高温是6月天气的主旋律,北京地区年极端高温一般出现在6月中旬至7月上旬,平原地区年极端最高气温可达40 ℃左右。日最高气温≥35 ℃的日数,大部分地区年平均为6~8天,主要出现在6月中旬—7月下旬,最早出现在5月上旬,最晚在9月上旬。

2.3.2.1 6月气象服务敏感天气、敏感点

强降雨(暴雨)、高温、雷电、冰雹、短时大风、紫外线强度、雾、霾、光化学污染。

## 2.3.2.2 6月气象服务重点与提示

雷电、冰雹、短时大风、紫外线强度、雾、霾服务提示见其他章节。

（1）强降雨（含暴雨）

暴雨标准：北京地区的暴雨可出现在春、夏、秋三个季节，但主要集中在夏季，尤其是7月下旬至8月上旬。

根据国家降水量等级标准，暴雨一般是指12小时降雨量30毫米以上，或24小时降雨量50毫米以上的降水。按其降水强度大小又分为暴雨、大暴雨和特大暴雨三个等级，具体见表2-3。

表2-3　不同时段暴雨等级划分表　　　　　　　单位：毫米

| 等级 | 12小时降雨量 | 24小时降雨量 |
| --- | --- | --- |
| 暴雨 | 30.0～69.9 | 50.0～99.9 |
| 大暴雨 | 70.0～139.9 | 100.0～249.9 |
| 特大暴雨 | ≥140.0 | ≥250.0 |

暴雨形成有三个条件：充分的水汽供应，强烈的上升运动，较长的持续时间。

北京地区暴雨的主要特点：

① 降水时段集中。最早在5月下旬北京就可以出现暴雨，而最晚在9月上旬也会有暴雨发生。但7月、8月是暴雨出现最多的时间；而大暴雨发生时段更为集中，7成左右的大暴雨集中在7月下旬至8月上旬。

② 降水强度大、持续时间短。小时降雨超过100毫米的现象十分普遍，甚至短短5分钟就可以降雨20毫米。通常情况下，北京暴雨的持续时间不足24小时。局地性强，年际变化大。每年降落的地区

多不相同,对于同一个地区来讲,降水量的年际变化很大。

③ 与地形关系密切。暴雨主要集中在山脉的迎风面和山区;热岛效应十分明显,城区气温高于郊区,由此造成城区的上升气流较强。同时城区密集的建筑物增加了地表粗糙度,乱流更多,有助于暴雨云团的发展。因此,北京城区的暴雨日数要高于郊区。

**暴雨主要影响**

暴雨是北京主要的气象灾害之一,但在久旱之时,暴雨又对缓解旱情起着重要作用。北京季风气候明显,年降水量的75%左右都集中在夏季,而夏季降水量的多少又常取决于几场暴雨。因此,暴雨的多少和旱涝有密切的联系。

暴雨有危害人类的一面,也有造福人类的一面。久旱之际,一场暴雨会将旱情解除。北京是个严重缺水的城市,全年的降水量往往决定于一两场暴雨,暴雨无则旱象显。

**暴雨影响提示**

暴雨天气对城市交通、排水、电力等城市生命线运行及公众生活出行带来很大影响。主要体现在以下几个方面:

① 城市内涝。由于暴雨急而大,排水不畅易引起城市道路、立交桥下或低洼路段积水成涝,使交通受阻或中断。

② 山洪、泥石流等地质灾害。本地和上游的暴雨都可能引发山洪泥石流等地质灾害。

③ 城市交通。暴雨可导致道路积水,影响公路、铁路、航班等运行,尤其对早晚高峰、节假日交通影响较大。

④ 电力设施。强降雨及伴随的雷电、大风对电力设施的安全运行有较大影响。

⑤ 危旧平房、低洼院落、地下室等。强降雨会导致低洼院落积水、地下室雨水倒灌，危旧平房房屋倒塌等。

⑥ 园林树木。强降雨会导致园林树木倒伏，伴随的大风、雷电等更容易导致树杈断裂，树木倾倒。

**暴雨公众防御提示**

① 暴雨时尽量减少外出，不要骑自行车，尽量选择公共交通工具。

② 在积水中行走要注意观察。防止跌入窨井或坑、洞中。

③ 注意交通安全。驾驶员遇到路面或立交桥下积水过深时，应尽量绕行，避免强行通过。汽车在低洼积水处熄火，千万不要在车上等候，应立即下车到高处等待救援。

④ 远离河道、避免山区出行出游。身处山区时，要注意防范山洪、泥石流等地质灾害。上游来水突然混浊、水位上涨较快时，需要特别注意。

⑤ 在发生暴雨洪水时，行人避雨要远离高压线路、电器设备等危险区域，不要在大树、陡崖或易滑坡区避雨。

⑥ 不要将垃圾、杂物等丢入下水道，以防堵塞，造成暴雨时积水成灾。

⑦ 防止水浸入室内。居住平房、楼房一层或地下室的居民可因地制宜，在家门口放置挡水板或沙袋。注意夜间的暴雨可能导致老旧房屋倒塌伤人，及时检查房屋防漏、防泡。

⑧ 检查电路、炉火等设施是否安全。楼房底层或平房居民家中的电器插座、开关等应装在离地面较高的安全地方。一旦室外积水漫进屋内，应及时切断电源，防止触电伤人。

**降雨与交通专题**

盛夏季节,对交通影响最大的天气就是降雨,尤其是持续时间长、降雨强度大的暴雨,比如2012年的"7·21"特大暴雨,2011年的"6·23"暴雨、2004年的"7·10"暴雨等,一方面会造成城市内涝,导致道路严重积水,影响交通;另一方面可能会引发山区塌方、泥石流等地质灾害,冲毁桥梁,损坏公路等,给车辆、人员带来严重损失和灾害。降雨对行车的影响主要为:

① 降水可导致道路潮湿,路面的摩擦力变小。

② 暴雨致使道路积水,可造成行驶车辆熄火,同时因积水覆盖,路况不明,给交通安全带来较大隐患。

③ 强降水时导致能见度急剧下降,如 1.6 mm/min 就可引起能见度急降至 200 m 以下,且强降水时在行驶车辆的玻璃上形成的雨点和水帘、雨刮器来回转动等因素都对驾驶员的视线形成障碍,引发交通事故。

**暴雨交通针对性的提示**

① 提前检查雨刷,尤其针对夜间行车又逢雨大时。

② 雨天行车注意保持车距,控制车速,车辆在湿滑路面上的制动距离大约是干燥路面的3倍。

③ 避免涉水行驶。若需涉水,则先目测水深,正常情况下,积水深度若不超过15厘米,以正常车速行驶便可。涉水时控制住油门,不可猛烈踩油门而导致发动机的负荷在短时间内猛增,以免发动机熄火或轮胎打滑。当水深超过半个车轮或排气管高度,发动机熄火风险大,此时应避免涉水前行。

(2)高温

当一天的最高气温达到或超过 35 ℃时,就称为高温天气,这一天就被记作高温日。如果连续几天最高气温都超过35 ℃,人们常称之为"高温热浪"天气。

炎热高温是6月天气的主旋律,北京地区年极端高温一般出现在6月中旬至7月上旬,平原地区年极端最高气温可达40 ℃左右,其他地区在39 ℃左右。日最高气温≥35 ℃的日数,大部分地区年平均为6~10天,近年来有增多趋势,主要出现在6月中旬—7月下旬,最早出现在5月上旬,最晚在9月上旬。

**高温与健康**

夏季天气炎热,在高温的环境中人体的很多功能都会发生变化,特别是人体体温调节和水盐代谢功能,消化、循环、神经和内分泌系统都会发生变化。这些变化一旦不能很好适应环境,人体就会有各种不舒适感,中暑就是夏季里最多见的一种不适反应。另外,夏季高温高湿又是细菌繁殖活跃期,是各种传染病特别是消化道传染疾病的多发期。

夏季主要预防疾病:① 热伤风,②中暑、热射病,③心脑血管疾病、脑中风,④空调病等。

心脏病患者夏天须注意起居有序,做好防暑降温,保证正常睡眠,保持情绪稳定。中老年人尤其高血压、糖尿病、冠心病、心律失常等慢性病患者,一旦出现胸闷、心慌或腹泻、感冒,要及时就医。天气酷热,气压低,湿度大,人体循环和代谢明显加快、心脏负担加重,易导致人体缺氧,心率加快,心脏病人普遍感到胸闷、气短,加之气温急剧变化使血压上升,容易诱发和加重原有心脏病。

此时,心血管疾病患者不宜剧烈运动,可做一些中轻强度的有氧运动,如散步、打太极拳、慢跑等。

发生中暑的气象条件:中暑的发生不仅和气温有关,还与湿度、风速、劳动强度、高温环境、曝晒时间、体质强弱、营养状况及水盐供给等情况有关。

诱发中暑的因素很复杂，但其中主要因素还是气温。根据气象特点，可将发生中暑现场小气候分为两类：一类是高温、高辐射的干热环境，另一类为高温、高湿度湿热环境。

高温、高辐射（干热）：此情况主要是指气温很高、日照非常强烈、湿度小，也就是俗称的干热。此时，由于太阳强烈的照射和较高的温度会导致身体中的水分大量散失，当水分不能得到及时补充时，就非常容易导致中暑的发生。

高温、高湿度（湿热）：此情况为夏季最常见的湿热天，高温加上湿度大，使得人体不能正常的排汗，而且此时人的皮肤血流量会增加3倍以上，心输出量增加50%～70%，因而可以使心衰的发生率增加1倍，使心脏病的死亡率增加1.5倍。

中暑一般可以分为三级：

① 先兆中暑。高温环境中，大量出汗、口渴、头昏、耳鸣、胸闷、心悸、恶心、四肢无力、注意力不集中，体温不超过37.5 ℃。

② 轻度中暑。具有先兆中暑的症状，同时体温在38.5 ℃以上，并伴有面色潮红、胸闷、皮肤灼热等现象；或者皮肤湿冷、呕吐、血压下降、脉搏细而快的情况。

③ 重症中暑。除以上症状外，发生昏厥或痉挛；或不出汗，体温在40 ℃以上。

**高温天气必须了解的热射病**

热射病即重症中暑，是由于暴露在高温高湿环境中导致肌体核心温度迅速升高，超过40 ℃，伴有皮肤灼热、意识障碍（如惊厥、昏迷）等多器官系统损害的临床综合征。热射病是重症中暑的严重类型，死亡率高达50%左右。重症中暑根据病情严重程度分为热痉挛、热衰竭、热射病。发生先兆中暑和轻度中暑时,只要迅速将患者移到阴凉处休息,补充含盐的水,患者通常不久就能恢复。而如果发展到重症中暑程度,首先会出现热痉挛,发生抽搐,进一步就会发展成热衰竭,患者面色苍白、血压下降、脉搏弱,甚至休克。最严重的就是热射病,这时身体产热多,但不能散热,人体热平衡失调,体温超过 40 ℃,意识模糊,进入昏迷状态。热射病通常表现为高热、无汗、昏迷。热射病是中暑里最严重威胁生命的急症,发展速度极快,很多患者因不知该病的严重性,未能及时就医治疗而离开人世。

哪些人是易得热射病的高危人群?老年人、婴幼儿及慢性病患者、长时间暴露于高温环境中进行重体力劳动及体能训练的年轻人。近年来,从事户外工作、高温作业的人,是热射病"射"中的重点群体。重体力劳动者,例如炼钢工人、建筑工人以及环卫工人等,他们处于强烈日光下,进水少、出汗多,最易出现神志恍惚等不适症状,最该引起重视。

**中暑及热射病防御提示**

避免中暑重在预防,预防措施主要包括避开或改善所处环境,比如通风降温和遮阳防晒;另外,就是提高体质、注意饮食或药物预防。具体措施有:

遇到高温天气,在11时至15时,尽量减少外出,适当午睡。

室外从事建筑、指挥交通、野外工作、外出旅游、观看露天体育比赛等,一定要做好防护措施,如戴好草帽、太阳镜、遮阳伞等,另外,还可以带些药品,如藿香正气水、十滴水等防暑药品。

老年人、从事户外作业及体力劳动者及参加大型体育竞赛和体能训练者更应注意防暑,尽量少在太阳底下暴晒,多喝水、保证休息。老年人、孕妇、有慢性疾病的人,特别是有心血管疾病的人,高温天气要尽可能地减少外出,以免造成中暑及发生热射病。

长期处于闷热环境中,年老体弱的城市居民也要注意防暑降温。高温天开空调、电风扇是有必要的,特别是在睡觉的时候,但温度不要调得过低,最好控制在26～28℃。出现头晕、恶心、呕吐等不适要立刻寻找阴凉处休息,及时采取降温措施,体温达40℃左右要立即送至有经验的医院进行治疗。饮食方面,应注意补充水分。夏季人体水分挥发较多,不能等渴了再喝水,那时身体已是缺水状态。另外,身体中的一些微量元素会随着水分的蒸发被带走,根据需要可适当补充一些盐水。

食物方面,要补充足够的蛋白质,如鱼、肉、蛋、奶和豆类;另外,还应多吃能预防中暑的新鲜蔬果,如西红柿、西瓜、苦瓜、桃、乌梅、黄瓜等。关于冷饮,一定要适量,避免引发消化系统的不适。

### 中暑以后怎么办

发现自己和其他人有先兆中暑和轻度中暑表现时,首先要做的是迅速撤离引起中暑的高温环境,选择阴凉通风的地方休息;并多饮用一些含盐分的清凉饮料。还可以在额部、太阳穴涂抹清凉油、风油精等,或服用十滴水、藿香正气水等。如果出现血压降低、虚脱时应立即平卧,及时到医院静脉滴注盐水。对于重症中暑者除了立即把中暑者从高温环境中转移至阴凉通风处外,还应该迅速将其送至医院,同时采取综合措施进行救治。

**防暑降温与防"空调病"**

对于"空调病"医学界目前还没有一个明确的定义,凡因使用空调不当,导致人体不能适应而产生的疾病都可笼统地称为空调病。"空调病"发生的主要原因是室外的气温很高,人们衣着单薄,进入空调房间后,身体突然处在低温环境中,生物钟的运转方式迅速改变。当冷的感觉传递到大脑体温调节中枢时,大脑便指令皮肤外周血管收缩,分布在全身的汗腺减少分泌,以减少热量的散发来保持体温。同时,冷的感觉也促使交感神经兴奋,导致分布在腹腔器官上的血管收缩,胃肠蠕动减弱,因而就出现了肢体麻木、皮肤干燥、胃肠不适等相应症状。炎炎夏日,要小心预防"空调病"。

**空调使用注意提示**

① 定期清洗空调滤网积尘并进行消毒。

② 室内开空调的时间不要太长,最好经常开窗换气,定期注入新鲜空气。

③ 空调温度不宜太低,室内外温差一般不超过 8~10 ℃ 为好,一般不低于 26 ℃。

④ 为防止空调系统冷却水塔中的军团菌,对循环用水及时更换或进行军团菌的检测。

**高温与交通**

高温对车辆的影响:

① 气温高于 30 ℃,因空气密度小,发动机难以发动,高温使油耗增加。

② 导致轮胎气压过高,一方面引起摩擦系数降低,影响行车速度,另一方面可能引起爆胎,导致事故。

③当路面温度达到一定值时,受到重型车辆碾压发生形变,增加路政养护工作量。降温后变形的路基变硬,又容易引发高速行驶的车辆出现交通事故。

**高温驾车提示**

①高温天气里行车时使用汽车空调,调节车内温度。

②车内禁放打火机、香水、可乐等易燃易爆物品,以防车厢温度过高,引起爆炸。

③车辆不要长时间停放在烈日下暴晒,防止水箱开锅、汽车自燃等事故发生。

④检查轮胎有无老化磨损、胎压异常、轮胎外伤等,防止气温过高造成爆胎事故。

**高温公众服务综合提示**

①高温天气中午前后尽量减少户外活动,尤其是老、弱、病、幼人群。外出不要在阳光下疾走,注意涂抹防晒霜、戴遮阳帽、太阳镜,打遮阳伞,采取有效的防护措施。

②长时间暴露在高温环境中的露天作业人员需采取必要的防护措施或停止作业。

③合理使用空调,不要把室内调得温度过低,避免室内外温差过大。从外面回到室内后,切勿近距离空调直吹。

④饮食宜清淡,多喝凉白开水、淡盐水、绿豆汤等防暑饮品。

⑤高温天气容易使人疲劳、烦躁和发怒,导致"情绪中暑",应注意调节情绪,保持快乐的心情。

⑥注意休息,保证睡眠,准备一些常用的防暑降温药品,如清凉油、十滴水等。

⑦ 如有人中暑,应立即把病人抬至阴凉通风处,并给病人服用生理盐水或十滴水等防暑药品。如果病情严重,需送往医院进行专业救治。

⑧ 老人、体弱者或高血压、心肺疾病患者应减少活动;如有胸闷、气短等症状应及时就医。

⑨ 大汗淋漓时,切忌用冷水冲澡。擦干汗水,稍事休息后再用温水洗澡。

**高温对其他高影响行业提示**

有关部门和单位应当注意防范因用电量过高,以及电线、变压器等电力负载过大而引发的火灾。

有关部门和单位按照职责落实防暑降温保障措施,尽量避免在高温时段进行户外活动,高温条件下作业的人员应当缩短连续工作时间。

### 2.3.2.3　6月极端天气案例

(1)高温

根据常年的记录,6月出现35 ℃以上高温天在2.5天左右。1999年6月24—30日南郊观象台持续高温天数达到7天,为1951年以来6月持续高温最长纪录。2009年6月23日南郊观象台最高温达39.6 ℃,为1951年以来6月最高气温纪录,当天城区多处地区气温超过40 ℃。

(2)暴雨、冰雹

2011年6月23日下午,北京遭遇入夏以来最强暴雨,局地雨量超过100毫米。突如其来的倾盆大雨使得城区积水严重,部分道路中断,多条地铁线路运营受阻,大批航班取消或延误。从14时至18

时,城区平均降雨量达到51毫米。城区西部雨量较大,雕塑园、五棵松、紫竹院等地雨量超过100毫米,其中,模式口降雨量达到173.2毫米。同时6月23日下午,海淀、石景山、房山、门头沟还出现冰雹。

2008年6月23日下午4时左右,大兴区庞各庄地区遭受冰雹袭击,地里的西瓜几乎都被冰雹砸裂。

2011年6月11日15时许,北京地区忽然间狂风大作,顷刻间,暴雨伴随着冰雹从北向南"席卷"京城。狂风骤雨来去匆匆,仅10分钟左右,雨过天晴,不过,气温前后骤降10 ℃多。

2005年6月7日下午从北京的北部地区开始出现冰雹和雷暴大风天气,19—20时西部城区出现冰雹,石景山雹块直径最大为12毫米。

1998年6月30日,北京市普降暴雨,大兴、通县、朝阳、丰台等区(县)降特大暴雨,通县取中庄日雨量达281.4毫米。城区部分路段积水,有的立交桥下积水深达1米,车辆运行受阻。当日八达岭高速公路东辅线清河桥路段发生大面积塌陷,通县有一农民被水淹死。

1998年6月29日,菜市口、德胜门外居民遭雷击,100多台电视机和电话机被雷击坏。

1996年6月29日午后,自延庆向东经顺义、怀柔、密云、平谷5个区县先后降雹。农业受灾总面积125149亩,经济损失4975万元;有8686户、27718间房屋受损,直接经济损失6000万元。

1991年6月10日,北京市大部分地区降暴雨至特大暴雨,怀柔县沙峪日雨量236.5毫米。暴雨中心在密云、怀柔两县交界的山区,导致密云、怀柔山区发生泥石流,死亡28人,重伤8人。

### 2.3.2.4　6月公众热点问答

(1)问：6月有什么天气特点？

答：随着太阳辐射的增强和地表热量的持续累积，天气将越来越热。但是6月份以干热为主，由于空气湿度小，虽然气温高，但大部分时间在遮阴处及早晚期间仍然会感觉比较舒适。

(2)问：山洪、泥石流、滑坡是怎么回事？

答：山洪是指在山区小范围内出现短时间的强烈暴雨，由于山坡的汇水面积较大，进入山谷后面积迅速缩小，汇积的雨水沿山谷向下游冲去，使下游河水在短时间内上涨几米甚至十几米，形成洪流。山洪具有突发性，水量集中流速大、冲刷破坏力强，水流中挟带泥沙甚至石块等，常造成局部性洪灾。山洪的成因除山体结构条件外，喇叭形河口地形属于易触发环境，大范围暴雨或局地短历时暴雨都可能引发山洪。

泥石流是指在山坡及谷地原有大量的松散土石，在暴雨洪水的夹带下与洪水搅拌在一起向下游冲去。这种泥石流力量巨大，可以推倒大树、房屋和其他建筑，淹没良田和村庄，带来巨大人员伤亡。

滑坡是指在山坡坡度较大的地方，由于前期降水较多，山坡土层中已存有大量水分，山坡土层重力加大。此后又出现降雨，山坡土层的重力增大到不能维持其静力状态，整个土层便顺着山坡向下滑落，使山坡下方的村落及建筑全部被淹埋，给人民的生命财产造成重大损失。

(3)问：高考期间给考生和家长什么建议？

答：近年来高考一般都安排在6月上旬，此时容易遭遇的高影响天气主要为高温和雷雨大风等强对流天气。因此，考生和家长朋友要提前关注天气预报信息，提前做好备考安排。高温天气一般以晴晒高温为主;中午前后气温较高,体感炎热,考生和家长要注意采取必要的预防中暑措施,比如准备防暑的药品,补充必要的水分,穿透气性好的衣服;考生朋友也要保持心态平和,心静自然凉。如遇降雨及强对流天气,要提前安排好行程,尽量提前外出赶赴考场,以免受天气影响造成延误。

(4)问:山区游玩,碰到雷雨时怎么办?

答:首先是应该选择下山,不要在山顶或山脊上停留。雷电发生时,尽量选择在相对低洼的地带停留,远离河流等水边;不宜在孤立的大树下躲避雷雨。不要在打雷时拨打或接听手机,最好关掉手机电源,因为雷电的干扰,手机的无线频率跳跃性增强,很容易诱发雷击和烧机等事故。不要手持金属体高举过头顶(如在旷野中打伞,或高举羽毛球拍、高尔夫球棍等)。

(5)问:什么样是"桑拿天"?

答:"桑拿天"不属于气象专业词汇,而是人们对夏季闷热天气的一种比喻说法,如同进了桑拿房一样闷热。决定天气闷热程度,主要看气温、湿度、风力,还有就是气压的高低。一般来说,当气温在30℃左右、静风、相对湿度达到60%~90%,闷热感很强,如同蒸桑拿一样;而且气压越低,闷热感越强。

闷热难耐的"桑拿天",容易出现中暑,也容易诱发中老年人心脑血管疾病,此时公众要特别注意防暑降温,及时补充水分,减少户外活动,保证好休息时间,如有身体不适尽快就医。

(6)问:北京夏季避暑有什么好去处?

答:在同样的纬度,一般海拔高的地区气温会低些,在炎热的夏季不失为避暑的优选之地。经过北京市气象服务中心对北京不同景区夏季温湿指数的测算评估,得出避暑排行榜前十名,依次为:灵山、玉渡山、妙峰山、百花山、云蒙山森林公园、松山森林旅游区、八达岭森林公园、雾灵山、龙庆峡、喇叭沟门森林公园。

(7)问：雷电是怎么产生的？为什么会产生雷击事故？

答：雷电是空中对流云团发生的云天、云云和云地之间的放电现象。打雷和闪电是同时发生的，当带异种电荷的云层相互间的距离由于运动而缩小到一定距离时，正负电荷间的强大电势差将空气击穿而发生瞬间放电，放电时产生的放电火花就是我们见到的闪电；同时放电时，空气中的电力经过放电作用急速地将空气加热、膨胀，因膨胀而被压缩成等离子产生的冲击波的声音就是雷声。

雷电电流的功率很大，对建筑物和其他设备尤其是电器设备的破坏十分巨大，所以需要安装避雷针、避雷器等，可以在一定程度上保护这些建筑和设备的安全。

凡是空气中导电微粒较多、地面高耸、地面和地下的电阻率较小的地带都易"落雷"而受到雷击。根据科学家的研究，雷击的形式主要有三种。

第一种是直击雷。它是指雷电直接击到建筑物或其他物体上产生巨大的电、热效应，冲击波和机械作用，从而对物体及人畜造成伤害。

第二种是雷电感应，也叫感应雷。它是指雷电放电时在附近的金属导体上会产生静电感应和电磁感应，从而使金属部件之间产生火花，引发易燃易爆物品发生火灾和爆炸事故。

第三种是雷电波侵入。它是指雷电对架空线路或金属管道产生作用，所生成的过电压波沿着这些管线侵入室内，造成设备损坏，危及人身安全。

在雷电交加的雷雨天气里，偶尔还会出现紫色、殷红色、灰红色、蓝色的"火球"在空中飘移。它就是人们常说的"球形雷"。它能在几秒钟到几分钟内通过烟囱、开着的窗户、门或缝隙进入室内，碰到人畜会造成严重的烧伤和死亡事故,也会对建筑物造成严重破坏。

(8)问:夏季舒适度与哪几个气象要素有关?

答:首先是气温,不过个体的差异比较大,27~28 ℃有的人感觉也挺舒适的,而有的人就会感觉有点热。再就是相对湿度,人体最适宜的相对湿度是 40%~50%,因为在这个湿度范围内人体皮肤会感到舒适;当然还有风的影响,夏季当气温较高时,风会把人体的热量带走,散热效应明显,所以感觉舒适。

## 2.3.3  7月

北京地区 7 月气候特点:7月,随着副热带高压的西伸北抬,高温高湿天气增多,暴雨等强对流天气多发。一般北京在 7 月中旬(18 日前后)入伏(夏至后的第三个庚日)。

7 月为北京全年最热月,平均气温为 26.2 ℃,平均最高气温 30.9 ℃,极端最高曾达 41.9 ℃(1999 年 7 月)。

### 2.3.3.1  气象服务敏感天气、敏感点

暴雨、高温高湿、雷电、冰雹、短时大风、入伏、霉变指数、腹泻病指数、紫外线强度

### 2.3.3.2  7月气象服务重点与提示

暴雨、高温、冰雹提示见 5 月、6 月章节
(1)"桑拿"天、霉变期

北京地区年平均空气相对湿度为 57%,夏季平均相对湿度为 72%~74%,远高于春、秋、冬三个季节和年均水平。

桑拿天:7月、8月份常出现高温高湿的闷热天气,感觉像蒸桑拿

一样十分难受,俗称这样的天气为"桑拿"天气。

"桑拿"天气里,气温高、湿度大,食物很容易腐败变质,人们不小心食入,便会发生腹泻或细菌性痢疾等胃肠道疾病,腹泻病气象指数等级升高。

霉变期:一般在每年的7月中下旬,随着气温升高,湿度增大,进入物品容易生霉、变质的时期,我们就说进入了霉变期,霉变期一般可持续到8月中旬前后。

**综合服务提示**

① 体感酷热,注意防暑降温,及时补充水分。

② "桑拿"天注意休息,避免强度大的体力活动。

③ 注意饮食卫生,特别注意生冷食物安全,避免食用腐败变质食物。

④ 对怕潮、易潮物品的储存要得当,及时晾晒。

(2)入伏

入伏,意指进入三伏天。"三伏"是初伏、中伏和末伏的统称,一般在7月中旬到8月中下旬。

入伏日计算方法:"夏至三庚数头伏",这是确立初伏的依据。庚日是我国古代用天干、地支合并记载时间。天干有10个,是甲、乙、丙、丁、戊、己、庚、辛、壬、癸,地支有12个,是子、丑、寅、卯、辰、巳、午、未、申、酉、戌、亥。把天干与地支相配,就得甲子、乙丑、丙寅、丁卯……交叉配合60次,故称60花甲子。

由于天干是10个,所以每隔10天就出现一个庚日,如庚子日、庚寅日、庚辰日等。"三庚"就是遇上3个"庚"字,到第3个庚日为初伏。

为何每年入伏日不同:一年365天(闰年366天)都不是10的整数倍,今年某一天庚日,明年就不一定是庚日。由于庚日的变化不定,所以每年入伏的日期不尽相同。

伏天数的确定:三伏的日期是从夏至日后数到第 3 个庚日是初伏开始,开始后 10 天为初伏。第 4 个庚日到第 5 个庚日前为中伏,立秋后的第一个庚日到第二个庚日前为末伏。每一个庚日相隔 10 天,中伏天数不固定,夏至到立秋之间有 4 个庚日时,中伏为 10 天,有 5 个庚日时,第 5 个庚日至第 6 个庚日前也是中伏,中伏为 20 天,民间也有"两个中伏"的说法。

因此,伏期的长短主要决定于中伏。夏至到立秋一般是 47 天,入伏在 7 月 11 日至 7 月 21 日之间。入伏在 7 月 17 日之前的,中伏都是 20 天;入伏在 7 月 20 日之后的,中伏都是 10 天;入伏为 7 月 18 日、19 日的,中伏多数是 10 天,少数是 20 天。参见表 2-4。

表 2-4 2021—2025 年入伏日期表

|  | 2021 | 2022 | 2023 | 2024 | 2025 |
| --- | --- | --- | --- | --- | --- |
| 入伏时间 | 7 月 11 日 | 7 月 16 日 | 7 月 21 日 | 7 月 15 日 | 7 月 20 日 |
| 中伏日数 | 20 | 20 | 10 | 20 | 20 |

伏天是一年中气温最高,并且潮湿闷热的日子,百姓说的"苦夏"就在此时。入伏的时候,恰是麦收不足一个月的时候,家家谷满仓,旧时人们常利用这个机会打打牙祭,面条、饺子又是平时难见的上品,所以就有"头伏饺子二伏面"的说法。

入伏后,地表湿度变大,每天吸收的热量多,散发的热量少,地表层的热量累积下来,所以一天比一天热,进入三伏,地面积累热量达到最高峰,天气最热。另外,夏季雨水多,空气湿度大,水的热容量比干空气要大得多,这也是天气闷热的重要原因。7 月、8 月份副热带高压加强,在副高的控制下,高压内部的下沉气流,使天气晴朗少云,有利于阳光照射,地面辐射增温,天气也就更热。

### 2.3.3.3　北京7月历史极端天气案例

(1) 高温

2010年7月5日,南郊观象台最高气温达40.6 ℃,打破59年来北京7月上旬同期最高气温纪录。其中,建国门的古观象台是最热点,达到43.8 ℃。历史上北京市7月最高气温曾达到41.9 ℃,出现在1999年;次高值为2002年7月14日的41.1 ℃。

1999年7月23—31日,出现干热风。从7月24日起,各大医院中暑高烧患者增多,其中儿童医院此类患者日门诊量高达3000多人。

(2) 暴雨

1997年7月31日—8月1日,北京市普降大雨至大暴雨,密云县张家坟日雨量达166.2毫米,密云水库北部山区高岭镇降水量达170毫米,引起山洪暴发,6户村民洪水进屋,一个蓄水20万立方米的水利工程漫坝。冲毁庄稼0.8万亩,冲走树木1.1万棵,冲毁鱼塘300亩;冲断漫水桥16处,死亡1人,直接经济损失750万元。

2004年7月10日下午,北京市城近郊区陆续出现雷阵雨,16时后雨量突增,至11日13时,北京市平均降雨量为23毫米,最大为天安门降雨量106毫米。10日16—18时,城区两小时雨量达70毫米以上,天安门两小时超过100毫米。为1980年以来城区最大降雨过程。降水造成城区大面积积水,公路交通多处拥堵,局部瘫痪。积水最深的地点是莲花桥,积水深达2米。

2012年7月21—22日,北京地区出现历史罕见的特大暴雨过程,简称"7·21"特大暴雨。此次过程始于21日上午10时,结束于22日清晨6时,持续近20小时。全市平均降雨量170毫米,最大降雨出现在房山河北镇,累计雨量541毫米,最大小时雨强100.7毫米/小时(房山河北镇)。是北京地区1951年有完整气象记录以来最强的一次暴雨。暴雨引发房山地区山洪暴发,城区内涝严重积水。共造成至少 79 人死亡,经济损失 116.4 亿元。

2016 年 7 月 19 日 1 时至 21 日 6 时,北京地区出现大暴雨天气,此次降雨持续时间长、总量大、范围广,降雨总量超过了 2012 年"7·21"北京特大暴雨,降雨持续 55 个小时。全市平均降雨量 212.6 毫米,最大小时雨强 56.8 毫米/小时(昌平花塔),共形成水资源总量 33 亿立方米。受此次暴雨影响,北京共有 164 条公交线路采取甩站、绕行、停驶等措施。首都机场取消航班 212 架次。

(3)大风、冰雹

1982 年 7 月 14 日,朝阳区高碑店乡发生 8 级大风,刮倒上百棵大树及部分电线杆,多处电话中断。通县公路两侧大树被刮倒 100 多棵,高压线杆被刮倒 5 根。北京焦化厂 5 座塔吊被风刮动,其中一座大型龙门吊出轨翻倒,砸坏其他设备,直接经济损失 30 余万元。

1992 年 7 月 13 日,延庆、怀柔、密云 3 县的 9 个乡受雹灾,最大雹径 3 厘米,历时 10~30 分钟,受灾粮田 2.6 万余亩,果树 1.8 万余棵。

(4)雷电

1998 年 7 月 4 日、6 日,北京人民广播电台中波发射设备遭雷击,导致停播。

1998 年 7 月 5 日,怀柔与密云交界处的云蒙山森林遭雷击发生火灾,大火烧了 3 天才被雨水浇灭。

2.3.3.4　7 月公众热点问答

(1)问:7 月天气有什么特点?

答:进入 7 月份后,空气湿度加大,这时候气温并不一定高,但是感觉会很闷热。另外降雨比较频繁,短时强降雨、雷暴大风、冰雹等强对流天气也很常见,是防汛的重要时期。

(2)问:为什么北京夏季下午到傍晚或者晚高峰前后容易出现雷阵雨天气?

答:因为北京夏天午后地面温度高,容易导致热力不稳定,水汽蒸发形成热对流,暖湿空气在高空遇冷凝结,下午到傍晚或者晚高峰前后就容易出现雷阵雨。

(3)问:情绪中暑是什么意思?

答:一般指在高温闷热天气里,人体处于一种易激惹状态,爱发脾气,遇到不顺心的事就很容易被激怒,情绪不稳定,这种状态被称为"情绪中暑"。因此,高温天气里,我们在注意生理上的防暑降温以外,还要注意心理调节,遇事要冷处理,防止情绪中暑。

(4)问:怎样防霉变?

答:盛夏时节空气湿度大,气温较高,天气闷热易发生霉变。连阴雨天或持续高温高湿天气要注意室内除湿,可采取通风和抽湿的措施,以防霉变,安全度夏。

(5)问:"小暑接大暑,热的无处躲"到底哪个更热?

答:小暑节气的到来,标志着我国大部分地区进入炎热季节,但各地的气温也各不相同,有农谚说"小暑不算热,大暑正伏天",热在三伏,就是说热还在后头。从对资料统计分析来看,小暑却是北京在二十四节气中最热的节气,是北京一年中稳定的高温期,并且是夏季气温大于35 ℃高温天数最多、最集中的时段。在小暑节气里,北京地区这期间平原地区的日平均气温一般在26.1 ℃,日平均最高气温在31 ℃左右。

(6)问:为什么老是预报山区有雷阵雨?为什么山区雷阵雨那么多?

答:由于山区茂盛的植被蓄积了一定的水汽,使得山区的空气比城区更为湿润,这为降雨的产生提供了一定的水汽条件。但是雨量的多少除了与空气中水汽含量有关,还要看空气上升运动的强弱。而山区的地形给空气上升运动正好创造了有利条件,一方面山区地面在阳光的照射下,温度升高比平原快,容易产生较强的对流上升运动;另一方面,暖湿空气在传送中遇到山坡,还会被迫抬升到空中,引起强烈的对流运动。特别在迎风的山坡地区,其空气的上升运动更为强盛,所以说山区多雷阵雨天气,而且降雨量比平原多。如果有天气系统配合,夏季山区更容易产生雷电、大风、冰雹、暴雨等灾害性天气。

## 2.3.4 8月

北京地区8月气候特点:立秋节气出现在8月7日或8日,副高缓慢南退,高温高湿天气在8月中下旬逐渐减少,短时强降雨过程也逐渐减少,但仍是防汛的关键时期,特别是"七下八上"的8月中上旬,强降雨还应予以倍加关注。

### 2.3.4.1 气象服务敏感天气、敏感点

强降雨、雷电、高温高湿、霉变指数、中暑指数、紫外线强度、花粉浓度增大。

### 2.3.4.2 8月气象服务重点与提示

强降雨(暴雨)、雷电、高温、冰雹提示见5月、6月章节。
(1)夏秋花粉浓度
北京地区7—9月为植物盛花高峰时段,此时容易导致过敏的花粉以草本植物花粉为主,包括蒿属、葎草属、豚草属、藜科及苋科。

需要注意的是,夏秋季节花粉浓度虽然整体不是很高,但比春季的木本植物花粉致敏性更强,要特别进行提示。具体防御措施同春季。

(2)夏季紫外线与防晒

夏天是紫外线辐射最强的季节,人们穿得少,肌肤裸露在阳光下的机会最多,受到紫外线伤害也最大。紫外线对人体的皮肤和眼睛的影响最为明显。皮肤被紫外线过度照射后,会产生皮肤干痛、表皮皱缩,甚至起泡脱落。严重的还可引起人体疲乏、低热、嗜睡等全身反应。有些人的皮肤由于对紫外线过敏,光照后发生日光性皮炎(又称晒伤),暴露区皮肤瘙痒、刺痛、皮肤脱屑,还可能溃破结痂。长期在阳光下暴晒,还会导致皮肤各种病变。

**紫外线服务提示**

① 阳光强烈时,在中午前后尽量不要进行户外活动。

② 在户外游泳池或海滨浴场游泳,要采取有效的防晒措施,提前擦防水的防晒霜等,尽量不要在海滩晒太阳,尽可能待在遮阴处。

③ 外出要采取防护措施,如戴太阳镜,或宽边草帽,打太阳伞、涂防晒霜等。

④ 长时间暴露在强烈的阳光下,尽量不要穿太裸露或袒胸露背的衣服,以防被太阳灼伤。

⑤ 儿童特别容易晒伤,家长不要让他们长时间逗留在强烈的阳光下。

2.3.4.3 北京8月历史极端天气案例

(1)高温

2009年8月12日南郊观象台的最高气温上升到了35.9 ℃,城区的普遍气温也达到了37～39 ℃。其中紫竹院地区的气温最高,为

39.7 ℃,白天紫外线照射十分强烈,地面的最高温度也上升到了64.6 ℃。北京市气象台继前日发布了高温黄色预警之后,12日再发高温预警,且将级别由"黄色"升级为"橙色"。

1998年8月6日,因高温闷热天气,北京市供电负荷陡升至485万千瓦,总供电量9686万千瓦时,部分居民区供电变压器保险掉闸,电表熔丝烧断,共发生243起供电故障。

(2)暴雨

2011年8月9—10日,北京出现暴雨,造成交通大面积瘫痪。

1977年8月2日,海淀、大兴、丰台、通县、平谷、密云、怀柔、延庆、门头沟、房山等区县降暴雨至大暴雨。海淀区颐和东闸日雨量139.8毫米,房山县霞云岭、十渡地区发生泥石流,死亡2人,伤5人,冲毁房屋3间和部分耕地。

1963年8月4—8日,北京历史上有名的"63·8"来广营暴雨。这次暴雨过程是受西南低涡不断移入和北上的影响,从8月4日开始在北京城区及西北部一带降暴雨,暴雨中心在西城区和海淀区一带,松林闸日雨量达129.7毫米。8月5日仅个别地方降暴雨;8月6日早晨西南低涡再次影响北京,同日夜间暴雨中心在房山十渡,其日雨量为194.5毫米。8月7日暴雨中心移至昌平五家园一带,其日雨量达325.2毫米。8月8日暴雨雨区开始东撤,仅东南部的大兴、通县一带达到暴雨程度,但强度已明显减弱,至8月9日夜间,北京市雨方终止。

这次暴雨造成拒马河、大石河和温榆河及其支流均漫溢决口,城市中心及远近郊出现严重灾情。平原地区农田大面积水淹成灾,北京市受淹农田近百万亩,69个村庄曾被洪水围困,967户被迫迁移避险;倒塌房屋1.84万间,死亡35人。市内交通瘫痪,王府井南口等处积水深半米以上;京广、京包、峰沙、京承等铁路干线及一些单位专用线,累计中断通车2109小时,桥、涵、路基被水冲毁82处。

(3)冰雹、大风

2000年8月27日,延庆县张山营、康庄等镇受风雹袭击,直接经济损失达518.5万元。

1983年8月3日,顺义县大孙各庄发生龙卷风,时间短、范围小,强度大,被折断大树发出巨大声响。倒塌围墙几十米,250千克重大铁门被抛出24米。

(4)雷电

2000年8月17日,平谷四座楼山一带雷电活动,击断10千瓦高压配电线路,造成周围数家单位的通信系统停电故障。

#### 2.3.4.4　8月公众热点问答

(1)问:泥石流指什么?怎样预防?

答:泥石流是山区沟谷中,由暴雨、冰雪融水等水源激发的,含有大量的泥沙、石块的特殊洪流。其特征往往突然暴发,浑浊的流体沿着陡峻的山沟前推后拥,奔腾咆哮而下,地面为之震动、山谷犹如雷鸣。在很短时间内将大量泥沙、石块冲出沟外,在宽阔的堆积区横冲直撞、漫流堆积,常常给人们生命财产造成重大危害。

防御:一看,指观察到河床中正常流水突然断流或洪水突然增大,并河水开始变浑浊,可确认上游已形成泥石流。二听,指深谷或沟内传来类似火车轰鸣声或闷雷声,哪怕极其微弱也可认定泥石流正在形成。如果沟谷深处变得昏暗并伴有轰鸣声或轻微的振动声,也说明沟谷上游已发生泥石流。这时要迅速转移到高处避险。不要在顺沟方向躲避,而要垂直于河流,到河沟两边的山坡上避险。

(2)问:为什么会出现"秋乏"?

答:这是因为夏季里人体大量出汗,水盐代谢失调,胃肠功能减弱,心血管和神经系统负担增加,再加上得不到充足的睡眠,人体过度消耗了能量。处暑以后人体进入一个生理休整阶段,身体就会出现各种不适,一些潜伏在夏季的症状就会出现,机体也产生一种莫名的疲惫感,如不少人清晨醒来还想再睡,这就是"秋乏"。大家要注意这个变化,适当进行科学调整。

(3)为什么北京夏天有雷阵雨,而冬天没有?

答:雷阵雨是因为夏天的天气酷热,空气在局部地方出现强烈对流,使大量湿热空气猛烈上升,造成积雨云所形成的。由于产生积雨云的强烈的热力对流只有在夏季易于出现,所以雷阵雨也常常出现在夏季。而冬季北京受大陆冷气团控制,空气寒冷而干燥,加之太阳辐射弱,不易形成对流。

(4)问:为什么雷雨前经常先刮风后下雨?

答:原因是雷雨云中,既有强烈的上升气流,又有下沉气流。从雷雨云中下沉的冷空气到达近地面以后,会迅速向四周扩散,形成一个冷空气堆。由于下沉冷空气的密度较大,冷空气堆的气压迅速上升,形成一个冷高压,称为雷雨高压。这样,在小的区域内出现了较大的气压差,于是便刮起了风。风从雷雨高压中心向四周地面倾泻时,速度会骤然加快,一般可达每秒十几米,有时可达到30米/秒以上。阵风过后,雷暴迅速到来,随之紧跟的是能产生降水的低气压,这时雷雨也随即出现。所以,大风往往出现于雷雨以前。

## 2.4 秋季(9月、10月、11月)

### 2.4.1 北京秋季天气气候特点

9月到11月,北半球环流形势逐渐发生变化,是由夏季的纬向型向冬季的经向型过渡时期。此时,太平洋西部的低槽和西欧海岸的高脊开始建立,但强度比冬季弱,副热带高压中心向东南方向移动,脊线南退至25°N以南。强西风带逐渐南移,冷空气向南侵入的趋势逐渐明显,冷锋过境频数增多。华北地区又逐渐在极地大陆气团控制之下,偶有较强的冷空气入侵,造成秋季寒潮天气。这时期,气温逐渐降低,对流运动逐渐减弱,相应的雷暴日数明显减少。由于冷空气活动的日趋频繁,空气湿度逐月减小,晴天日数明显增多,凸显秋高气爽的好天气。天气呈现由热变凉,再由凉变冷的过程,乃是北京的黄金季节,固有金秋之说。若遇强冷空气,有时也会出现雷暴、冰雹、大风和强降雪,很少出现沙尘天气。冷空气活动弱的年份,近地面层常有逆温层形成,雾、霾天气明显增多,昼霾夜雾,有时可持续3~5天。

## 2.4.2　9月

9月气候特点:9月北京渐入秋季,气候变得凉爽,空气湿润,降水适中,晴朗天气增多。气温通常在14~25 ℃,月平均气温在19~20 ℃,处于人体感觉最舒适的温度范围。偶尔也有高温天气出现,2019年9月8日观象台最高气温达到35.9 ℃。因为夜间气温逐步下降,极端最低气温有低于5 ℃情况,1968年9月28日最低气温达到3.7 ℃。

9月降水显著减少,代之以微风少雨、晴空万里的天气,晴天日数大增。

### 2.4.2.1　气象服务敏感要素、敏感点

强降雨、花粉浓度的变化、气温和空气湿度的变化、秋老虎、入秋、雾、霾。

### 2.4.2.2　9月气象服务重点与提示

(1)强降雨

秋季强降水仍多属于不稳定性降水,常伴有大风和冰雹,暴雨天气虽然减少但仍有出现。具体影响与防御提示见夏季篇。

(2)秋季花粉浓度的变化

9月上中旬北京地区花粉浓度仍处于偏高水平,下旬呈下降趋势。花粉主要是杂草类草本花粉,以蒿草、葎草、藜科为主,这些夏秋季花粉致敏性强。

敏感人群外出最好要戴上防护性能好的口罩,尽量避免到杂草植被复杂的区域活动。

**服务提示**

> ① 在花粉浓度较高期,有花粉过敏史的朋友,应尽量避免去花草繁茂的公园和郊区活动,外出时最好要戴上防护性能好的口罩。
> ② 及时收听花粉浓度报告,敏感人群尽量在上午10时到下午5时花粉浓度高的时候减少外出。
> ③ 在花粉浓度较高时段,尽量不要开窗通风,尤其不要开迎着风向的窗户。
> ④ 晴朗微风的天气有利于花粉浓度升高,降雨和大风天气会使花粉浓度下降。

(3)秋老虎

所谓"秋老虎",是指三伏出伏后短期气温回升达到或超过35 ℃的天气。

## 2.4.2.3 北京9月历史极端天气案例

（1）暴雨

2012年9月1日中午至2日11时，北京城区平均降雨量64毫米，降雨最大点在门头沟区，为160毫米。北京市平均达到了暴雨量级，本次降雨范围大、持续时间长，京城的降雨持续了近24个小时。

（2）雷电、冰雹、大风

2000年9月21日，首都机场三处遭到雷电袭击，部分设备损坏。

1992年9月9日，门头沟区斋堂乡和密云县新城子乡8个村，降雹10分钟，风力8级，受灾农田5350亩、果树1560亩。

（3）低温

1985年9月2日，延庆县四海乡遭霜冻害，全乡3772亩玉米，成熟的不足1000亩，减产3成的1700亩，减产3～7成的799亩，减产8成以上的300多亩。

## 2.4.2.4 9月公众热点问答

（1）问：9月天气有什么特点？

答：夏末秋初的季节，气温下降较快、冷暖多变，感觉秋意渐浓。

（2）问：为什么常会出现"秋老虎"天气？

答：一般是由于立秋后，副热带高压缓慢南退，潮湿闷热的日子逐渐减少。但是在大陆高压或高压脊后西北气流控制下，天空云量较少，辐射增强，此时可能出现连日晴朗、日照强烈、温度强势回升的高温天气，形成俗话说的"秋老虎"天气。

（3）问："白露"之后的天气有什么特点？

答："白露"节气是二十四节气中的第十五个节气，从白露开始，我国各地气温下降加快,在气温比较低的时候,大气中的过饱和水汽会在贴近地表的树木、杂草和农作物表面,凝结为水珠,这个称为露,俗称叫露水,"白露"节气也因此而得名。露水大多是在晴朗的夜间和清晨,空气湿度比较大、无风或微风的天气条件下形成的。"白露"节气前后,历史上北京平原地区的平均气温为20~21℃,平均最高气温为27℃左右,平均最低气温为15℃左右,天气不冷不热,使人感觉非常舒服。

此时,大部分时间空气清新,风力不大,适宜外出郊游、逛街和休闲活动。

(4)问:夏秋交替时期应该注意些什么?

答:首先,秋高气爽,正是锻炼的好季节。此时运动宜选择轻松平缓、活动量不大的项目,尤其是老年人、儿童和体质虚弱者要少出汗。第二,可多吃应季的新鲜水果蔬菜。第三,注意补充水分。第四,保持乐观的心态。

这段时间中午有太阳,还比较暖和舒适,早晚天气偏凉,要注意添衣保暖。不过这也是春捂秋冻进行耐寒锻炼的开始阶段,大家可以根据自己的身体条件进行穿着。

(5)问:秋分之后天气怎么样?

答:"春分秋分,昼夜平分""秋分夜夜凉"。秋分这一天太阳直射赤道,形成昼夜等长。过了这一天白天就会越来越短了。按照我国二十四节气对季节的划分,秋分的另一层含义是把秋季的90天平分,成为名副其实的"秋分"。"秋分"前后的主要气候特点是秋高气爽,秋分前后是秋收秋种的大忙时节,京津一带正是播种冬小麦的最佳时期,正所谓"白露早,寒露迟,秋分种麦正当时"。秋分节气过后,随着北半球接收太阳辐射减少,气温下降的速度明显加快,秋分节气期间北京平原地区的气温明显下降,天气明显转凉,大家要做好换季换装的准备。

(6)问:为什么呼吸道疾病会比夏天明显增多?

秋季空气干燥、冷空气活动频繁,温度变化幅度比较大,这时如果人体抵抗力下降,容易导致呼吸道黏膜不断受到乍凉乍热的刺激,抵抗力减弱,给病原微生物提供了可乘之机,冷暖多变,人体不能迅速适应,极易使人伤风感冒,还会引起扁桃体炎、支气管炎和肺炎,尤其在儿童和体弱老人身上表现尤为明显。因此,此时要及时关注天气变化,及时安排好衣食住行,谨防呼吸道疾病。

## 2.4.3　10月

10月气候特点:北京的10月是被称为"金秋"的最舒适时光。多为秋高气爽的晴朗天气,气温通常在10～22 ℃,平均气温16 ℃左右,是人们在室外感到最舒适的时期。

和夏季相比,10月冷空气比较活跃,降温明显,天气逐渐转凉,树木开始落叶。山区层层枫树林、黄栌林呈现秋色,万山红遍,层林尽染,是秋季旅游的最佳时节,人们常称之为金秋十月。该月降水不均,一般中旬开始出现初霜冻。雾、霾天气呈增多趋势。

### 2.4.3.1　气象服务敏感要素、敏感点

大风、降温、雨雪和昼夜温差。体感温度和舒适度在不同天气条件下的变化。

### 2.4.3.2　10月气象服务重点提示

(1)降温与昼夜温差

这通常和大风、降水有关,由于10月份暖湿气流开始减弱,冷

空气逐渐活跃,当有较强冷空气影响时还会产生降水,冷空气形成降水之后,总有偏北风相伴,其风力的大小,则由冷空气的强度和路径决定。俗话讲：一场秋雨一场寒。其主要原因就是降水会使地温降低,而冷空气的增强又制约了气温的回升。所以,雨后气温就会下一个台阶。同时,也加大了昼夜的温差。另外,秋季太阳高度角越来越低,致使持续升温时间越来越短,而持续降温时间越来越长,这就出现了同样的最高最低气温,感觉到的冷暖程度是不一样的,随着气温逐渐降低,人们有一日冷似一日的感觉。

**服务提示**

要提醒市民根据季节和气温的变化调整衣着,出行早的和喜欢晨练的朋友要注意添衣保暖。

(2)体感温度

进入秋季之后,随着气温的降低,风力和空气湿度对体感温度的影响越来越大,常常使得体感温度偏离气温很多。通常气温在20 ℃以下,相对湿度在50%以上时,风力每增加1级,相对湿度每增加10%,体感温度就会偏离气温大约1 ℃；气温在10 ℃以下相对湿度在70%以上时,风力每增加1级,相对湿度每增加10%,体感温度偏离气温大于1 ℃；气温在0 ℃以下相对湿度90%以上时,风力每增加1级,相对湿度每增加10%,体感温度偏离气温2 ℃以上。所以,根据体感温度来调整着装更为科学。

(3)雨雪天气

北京地区10月降雨过程和降雨强度呈减少、减弱趋势,降雨年际分布不均,一般强降雨或暴雨较少；10月下旬有可能出现雨夹雪或降雪天气。

## 第 2 章　北京地区不同季节的公众气象服务

**服务提示**

重点关注一般降雨(雪)对公众出行和交通安全的影响,服务提示同其他章节雨雪天气提示内容。

(4) 红叶观赏

不单单是枫树叶可以变红,黄栌、火炬树等很多树种的叶子都可以变红。因为这些植物叶片除了含有叶绿素、叶黄素、胡萝卜素等色素外,还有一种叫花青素的特殊色素,它是一种"变色龙",在酸性液中呈红色。随着季节更替,气温、日照相应增减,叶片中的主要色素成分也发生变化。到了秋天,气温降低,光照减弱,对花青素的形成有利,而枫树等红叶树种的叶片细胞液呈酸性,当叶子表面的温度接近 0 ℃,也就是下霜的时候,整个叶片便呈现红颜色,固有"霜重色愈浓"的诗句。

北京出现霜冻的基本条件是平原地区的最低气温在 4 ℃以下,地面温度接近或低于 0 ℃,这时才会出现霜冻。达到这个标准,平原地区一般要到 20 日左右,高海拔地区可以提前 7～10 天达到。为了延长观赏时间,香山的红叶节一般定在每年的 10 月 12 日前后,进入最佳观赏期还要在 10 月 20 日之后。当然每年的气象条件不一样,层林尽染的效果会和当年的天气影响密切相关。

(5) 秋季寒潮

关于寒潮天气介绍及服务提示见春季 3 月的相关内容。和春季寒潮不同的是,秋季寒潮是在逐渐变冷的气候环境下,强冷空气带来猛烈的大风降温及雨雪天气,可以加快秋天向冬天转换的进程。具有突发性强,降温幅度大的特点,并常伴有大风和雨雪天气,对人们的生活、健康、出行、交通运输、电力输送和农业等都会带来严重影响。老年人、婴幼儿和体质较弱的人,适应气温剧烈变化能力差,容易发生感冒等呼吸道疾病,心脑血管疾病患者也会明显增多。

**10月秋季寒潮服务提示**

① 市民及相关人群注意收听收看寒潮天气预报预警信息。

② 市民减少户外活动,外出要注意防风、添衣保暖,雨雪天穿防滑效果好的靴子。

③ 出行尽量乘坐公共交通车辆,驾车出行要控制好车速。

④ 喜欢晨练的中老年人,遇有强降温,出门时要注意头部和脚部的保暖,并不要急于出门,充分利用楼道对温度的缓冲作用,缓解突然遇冷对血管的刺激。

⑤ 管理部门提前做好防风、降雪天气应急预案,做好加固、清扫或喷洒融雪剂等准备工作。

2.4.3.3  北京10月历史极端天气案例

(1) 强降雨

2007年10月27日凌晨5时左右,北京地区出现了雷阵雨。27日21时许,北京地区再次出现较强雷电和局地强降雨。海淀、八大处和香山三个自动站降雨量最大,分别为67.7毫米、56毫米和45毫米。

(2) 大雾

1998年10月30日早晨,浓雾锁京城,机场高速路、京津塘高速路被迫关闭,等候进入高速路的车辆在入口处形成滞留带,造成三环路行车不畅。

2.4.3.4  10月公众热点问答

(1) 问:能见度的好坏与气象条件是否有关?

答:能见度与天气现象、风速、空气湿度、气温等气象条件密切相关。气象条件直接影响空气中污染物的扩散、清除与堆积。当有冷空气带来明显的北风时,扩散条件有利于空气污染物扩散,能见度会非常好;相反,当大气趋于稳定,污染物容易堆积,能见度变差。一般大气能见度随相对湿度的增大而明显降低,大雾的形成必需条件之一就是近地面空气湿度要大。雨雪天气发生时会使能见度下降,但雨雪有利于空气污染物的沉降清除,对改善空气质量,提升能见度有帮助。能见度与气温的高低有一定关系,气温升高,近地面层大气上下扰动增强,空气湿度下降,在一定程度上可以改善能见度状况,所以能见度也会有明显的日变化特征。

(2)问:为什么湿度大时更冷、雾更多?

答:因为水的比热比较大,这就是说,同样体积的水和其他物质,加热到相同温度时,水吸收的热量大于其他物质吸收的热量。所以当秋冬季节环境中的湿度增大时,水汽为了保持和环境一样的温度,它吸收的热量自然比其他环境中的物质吸收热量多,温度自然降低了。所以在同等温度下,湿度大时感觉要更冷一些。冷又加速了水汽凝结,雾也会多起来了。

(3)问:风的穿透能力强指什么?

答:这主要是体温和气温的差距问题,就是说,在风力一定的情况下,体温和气温的差距越大,人体和外界热量交换越快,人们感觉风的穿透力越强。

(4)问:为什么说地温的下降才会使得气温大幅度下降?

答:这就要从太阳辐射增温的原理说起,气温的升高是靠太阳的光能被地面接收后,转化为热能,再以辐射的方式传递给大气。假如地温比较低的话,地面接收太阳光转化的热能就会被消耗一部分,相应地传递给大气的热量就会减少,气温也就降低了。

## 2.4.4　11月

11月为气候划分上秋季的最后月份,实际上此时北京已开始进入冬季,天气日趋寒冷、干燥,雾霾天气多发。此时较强冷空气活动频繁,多大风降温天气,降温迅速,降水减少,有的年份出现初雪。树叶相继落尽,昆虫蛰伏。一般在11月中旬北京进入采暖期。

### 2.4.4.1　气象服务敏感要素、敏感点

降雪(雨夹雪)、寒潮(大风、降温)、舒适度气象指数调整为风寒气象指数、紫外线指数改为晒太阳气象指数。

### 2.4.4.2　服务重点提示

(1)秋季寒潮

当日最低气温24小时内降温幅度≥8 ℃,或48小时内降温幅度≥10 ℃,或72小时内降温幅度≥12 ℃,而且使该地日最低气温≤4 ℃的冷空气活动,称为一次寒潮过程。秋末冬初的寒潮会加速北京地区入冬的步伐,从暖到冷的变化会给生产、生活带来很多影响,寒潮伴随的大风、雨雪天气也会加剧这些不利影响。

**11月秋季寒潮服务提示**

① 及时收听天气预报,特别关注寒潮消息或预警,政府及相关部门按照职责做好防寒潮的应急和抢险工作,供暖部门提前做好供暖准备。

② 对寒潮带来的大风、雨雪等天气提前做好防御。特别做好防风工作,关好门窗,固紧室外搭建物等。

## 第2章 北京地区不同季节的公众气象服务

③ 当气温骤降时,要注意添衣保暖,特别是要注意手、脸部的保暖。

④ 老弱病人,特别是心血管病人、哮喘病人等对气温变化敏感的人群尽量减少外出。

⑤ 提醒用煤炉自采暖家庭要提防煤气(CO)中毒。

⑥ 农业、水产业、畜牧业等要积极采取防霜冻、冰冻等防寒措施,尽量减少损失。

(2)雨雪天气

11月上中旬的降水多以雨夹雪和降雪形式出现,尤其入夜以后需注意局部地区有路面结冰的可能性。降雪天气对交通、公众出行安全、农业设施等都会带来较大影响。

**雨雪影响与提示**

① 道路湿滑,影响公路交通安全,尤其早晚上下班高峰时段容易出现路面拥堵,提醒司机采取防滑措施,谨慎驾驶,尽量乘坐公共交通工具。基于安全考虑,降雪天气高速公路可能采取半封闭或全封闭措施,出行需提前了解路况信息,注意安全。

② 提醒行人外出注意防滑,穿防滑的鞋,女士避免穿高跟鞋等。

③ 明显雨雪天气对飞机航班起降有影响,导致航班延误或停飞。提醒公众关注航班信息,提前做好准备。

④ 雨雪天气阴冷,体感温度低,提醒公众注意防寒保暖。

⑤ 较大降雪容易压垮、压塌农业大棚等设施,提醒提前做好防范。

⑥ 雨雪天气使电力能源使用量增加,影响电力调度;同时影响输电线路安全,如大雪压断树枝容易压倒输电线路,影响线路运行安全,提醒注意防御。

⑦雨雪对市政扫雪铲冰安排决策、供暖部门能源调度等方面有影响,及时发布专项警报和专报进行相关提示服务。

(3)晒太阳

太阳光里包含紫外线、红外线和可见光,到了冬季紫外线的危害大大减小,而红外线占了主导地位。所以,冬季人们一般不会受到紫外线的伤害,反而晒太阳会对人体产生极大的好处。晒太阳不仅给人以温暖,还可以促进血液循环,延缓衰老,肌肤通过获取阳光中的紫外线来制造维生素D,有助于对钙、磷的吸收,促进骨骼的生长和健康。

晒太阳也不是越多越好,应选择上午10时前、下午3时后的"黄金时段",每天坚持晒30～60分钟为宜。上午6时至9时,这一时间段阳光以温暖柔和的红外线占上风,紫外线相对薄弱,红外线温度较高,可使身体发热,促进血液循环和新陈代谢,增强活力。上午9时至10时,这一时间段红外线开始减弱,而紫外线则开始增强,尤其是紫外线中的A光束成分较多,因此,在这个时段晒太阳,有利于促进储备体内"阳光维生素"维生素D,同时有利于促进骨骼正常钙化。等到16时至17时,这一时间段的阳光已不那样强烈了,对皮肤有害的紫外线B光束和C光束的含量也降低了,而A光束的成分又开始增多,也是促进维生素D形成的大好时间。冬季晒太阳最好是在室外与阳光亲密接触,室内是达不到晒太阳功效的。

(4)空气湿度变化与皮肤健康

11月空气湿度进一步减小,空气十分干燥,再加上室内开始供暖,干燥加剧,这就加剧了对人体皮肤健康的不利影响,导致皮肤表面油脂分泌减少、缺乏足够滋润而引起皮肤瘙痒等一系列的症状。

## 第 2 章　北京地区不同季节的公众气象服务

这也是冬季成为皮肤病多发期的主要原因之一。

**空气干燥服务提示**

> 若有使用暖气,应注意屋内相对湿度的维持。干燥的季节,洗澡次数应尽量减少,早晚擦适量的凡士林或乳液来补充皮肤的油脂,防止皮肤干燥瘙痒。

### 2.4.4.3　11月北京极端天气案例

(1)寒潮

1993 年 11 月 16—18 日,受寒潮影响,48 小时降温 13.7 ℃。且最低气温达 −6.9 ℃,京郊大白菜遭到严重冻害,影响市场供应。

(2)大雾

1999 年 11 月 21—23 日,连续 3 天出现大雾,交通受到严重影响。22 日交通部门封闭了除机场高速路外的所有高速路。

(3)暴雪

2012 年 11 月 3 日 08 时—5 日 06 时,北京市大部分地区出现暴雪天气。全市平均降水量 56.1 毫米(58 个称重雨量站平均),城区平均 62.0 毫米;最大降水出现在海淀凤凰岭,降水量为 99.6 毫米,20 个国家级气象站平均降水量 59.2 毫米,突破了历史同期极值,甚至超过历年 11 月平均总降水量(15.4 毫米),为 1951 年有完整气象记录以来历史同期(11 月)过程降水量最大值。

同时,由于这次冷空气势力强,南下推进速度快,降雨雪的同时伴随 4~5 偏北风,阵风 6 级,个别地点出现强风,4 日 06 时 36 分海淀凤凰岭偏北风达 26.4 米/秒;同时降温显著,3 日 15—18 时大部分地区气温骤降 6 ℃左右。

2.4.4.4　11月公众热点问答

(1)问:秋冬交替冷空气影响有什么特点?

答:此时冷空气会带来气温、风向风速,以及天空状况的变化。在冷空气影响过程中,气温并不都是下降的。一般弱冷空气刚刚影响北京时,气温可能先会有一定幅度的上升,夜间风速减小时,气温下降。这个季节一方面冷空气是要把气温往下降,而另一方面充足的光照会努力把气温往上升,整体气温在波动中逐渐下降。此时遇有冷空气影响时,郊区的气温可能会比城区低很多,如果节假日去郊区游玩,一定要多带些衣服。

(2)问:什么是狭管效应?

答:狭管效应是指当气流由开阔地带流入地形构成的峡谷时,由于流体有其不可压缩性,受到挤压的气流流速就会加快,导致风速增大的现象。城市高楼间常会形成狭管效应。

(3)问:这个季节健康方面应该注意些什么?

答:天气变冷后,最先经受考验的是呼吸系统。秋末冬初是呼吸道疾病的高发季节,流感等呼吸道传染病最喜欢趁着寒冷"入侵",而对季节很"敏感"的哮喘更是不会放过作乱的最佳时机。与寒冷一样,干燥同样是呼吸道的大敌。

加强锻炼提高体质,不要因为怕冷就一下子将自己"裹"在厚衣服里,而应适当增加耐寒锻炼。经常给居室和工作场所通风,保持室内适当的湿度,少去人多的公共场所。

饮食方面,适量喝些梨水、蜂蜜水等也有利于保护呼吸系统。适当多吃些瘦肉、鸡蛋、鱼类、乳类、豆制品等,这些食物所含的蛋白质不仅便于人体消化吸收,而且富含必需氨基酸,可增加人体的耐寒和抗病能力。

养成良好的生活习惯,早上人的交感神经兴奋、肾上腺素分泌增多,是心脑血管疾病一天中发病的高峰期,如果过早起床锻炼,冷空气刺激血管收缩,进一步加强了发病的可能。有晨练习惯的人,最好把时间安排上午 10 点以后或下午进行。

(4)问:"小雪"节气的意义?

答:小雪节气是二十四节气中的第二十个节气,它是指黄河中下游地区开始要下雪了,但还不到大雪纷飞的时候,所以称之为小雪。北京平原地区最早下雪的时间往往要比小雪节气时间提前半个月或者更早。

"小雪"节气前后,北京平原地区的平均最高气温为 6~8 ℃,平均最低气温可降至 −2~−3 ℃,空气干燥,昼夜温差较大,天气较冷。

(5)问:为什么北京秋冬季雾、霾天气那么多?

答:秋冬季为雾和霾的多发季节,而特定季节的气象条件是导致雾和霾天气多发的重要原因。近地层空气流动性较差是雾和霾形成的重要原因。夏季多强对流活动,空气流动性较强,不利于雾和霾的形成。而秋冬季节由于地面夜间的辐射降温明显,大气低空容易出现逆温层,空气的水平、垂直方向交换流通能力变弱,有利于雾和霾的形成。同时降雨、降雪对大气中的雾和霾能起到清除和冲刷作用,夏季多降水天气不利于雾和霾的出现,而秋冬季降水日数明显偏少,有利于雾和霾的出现。另外,冬季受到采暖的影响,排放的污染物更多,这也是雾、霾天多出现的一个重要原因。

## 2.5　冬季(12月、1月、2月)

### 2.5.1　北京冬季天气气候特点

北京的冬季寒冷漫长,若以平均气温 0 ℃以下为冬季,则有 3 个月(12—次年2月)。冬季多风,降水稀少。

北京地区由于受季风气候的影响,降水的季节分配极不均匀,冬季的雨量最少,只占2%,常出现连续一个月以上无降水(雪)记录。冬季盛行偏北风,一年中,平原地区春季风速最大,冬季次之;一些山区及风口地带,冬季风速最大。出现风速大于17米/秒(8级风)的大风日数以冬、春两季最多,占全年的80%。

气温随海拔高度的增高而由平原向西部、北部山区递减。北京地区年极端最低气温一般出现在1月或2月上、中旬,个别年份也可出现在2月下旬。1951年以来观象台极端最低气温为$-27.4\ ℃$,出现在1966年2月22日。冬季最低气温$\leqslant -10\ ℃$的日数,平原地区平均为20天左右;上甸子、密云、平谷、房山等地为45天左右;延庆长达68天;西、北部深山区则多达70天以上;最低气温$\leqslant -15\ ℃$的日数,平原地区平均为2~6天;西、北部浅山区为7~10天;延庆长达37天;深山区则多于37天。

冬季空气湿度最低,平均相对湿度为44%~47%。

**主要影响系统:**

东北冷涡:是造成北京地区剧烈降温(寒潮)、大风和雨雪天气的重要影响系统。

蒙古气旋:是造成北京地区大风降温的重要影响系统之一。

河套倒槽:在冬半年,造成北京雨雪天气的主要是这一类倒槽。

回流:回流与西风槽相互作用,易给北京造成比较明显的降水天气。

## 2.5.2　12月

北京12月气候特点:北京天气寒冷,干燥,土壤和湖水封冻。空气干燥、多风、气温低、降水稀少。极端最低气温为$-18.3\ ℃$(1966年12月27日),是年降水最少的月份,大风多为寒潮造成的偏北大

## 第 2 章 北京地区不同季节的公众气象服务

风,大多年份初雪出现在 12 月份。

本月是雾、霾多发期。特别在降雪和冷空气到来之前,最容易出现雾、霾天气。

#### 2.5.2.1 气象服务敏感要素、敏感点

冷空气(大风降温和寒潮天气)、降雪和道路结冰、雾、霾(低能见度、空气污染)、室内外温差、空气湿度。

#### 2.5.2.2 气象服务关注重点

(1)冷空气(大风降温和天气)及寒潮

关注强度(风力、降温幅度)和持续时间;服务提示见 11 月寒潮篇章。

(2)降雪

降雪量与积雪深度的对应关系:当降雪落地后无融化时,一般而言,在北方地区 1 毫米降水可形成的积雪深度有 8~10 毫米。

**降雪主要影响**

雪天有时会伴有大风或明显降温,受气温和地温的影响,雪天道面有时会形成结冰现象,对交通造成一定的影响,车辆容易打滑,且雪天容易遮挡视线,影响交通安全;降雪可能导致航班延误,交通受阻,高速封闭,公交停驶或绕行。

**降雪服务提示(同 3 月雨雪天气提示)**

① 道路湿滑,影响公路交通安全,尤其早晚上下班高峰时段容易出现路面拥堵,提醒司机采取防滑措施,谨慎驾驶,尽量乘坐公共交通工具。基于安全考虑,降雪天气高速公路可能采取半封闭或全封闭措施,出行需提前了解路况信息,注意安全。

② 道路湿滑，部分路面有结冰，影响公众出行安全。提醒行人外出注意防滑，穿防滑的鞋，女士别穿高跟鞋等。

③ 明显雨雪天气对飞机航班起降有影响，导致航班延误或停飞。提醒公众关注航班信息，提前做好准备。

④ 雨雪天气阴冷，体感温度低，提醒公众注意防寒保暖。

⑤ 较大降雪容易压垮、压塌农业大棚等设施，提醒提前做好防范。

⑥ 雨雪天气使电力能源使用量增加，影响电力调度；同时影响输电线路安全，如大雪压断树枝容易压倒输电线路，影响线路运行安全，提醒注意防御。

⑦ 雨雪对市政扫雪铲冰安排决策、供暖部门能源调度等方面有影响，及时发布专项警报和专报进行相关提示服务。

（3）雾、霾天气（低能见度、空气污染）

秋末冬初是雾、霾天气高发期。往往是白天是霾，夜间湿度增大变成雾。

**低能见度影响交通**

雾、霾造成的低能见度会对交通带来不同程度影响。研究表明，当雾天能见度降低到500米以下时，会对公路交通产生影响，当雾天能见度降低到200米以下时，会对公路交通产生显著影响，当雾天能见度降低到50 m以下时，会对公路交通产生十分严重影响。对公路交通的影响主要集中于夜间至清晨。

**雾、霾天服务提示**

低能见度天气行车应严控车速、加大车距、正确使用灯光、保持视线清晰和注意停车安全。

① 雾、霾天不宜户外锻炼。据测定，雾滴中含有各种酸、碱、盐、胺、酚、尘埃、病原微生物等有害物质的比例，竟比通常的大气水滴高

出几十倍。人们如果在雾中锻炼或散步,随着活动量的增加,呼吸就会加深、加快,从而就会更多地吸入雾中的有害物质,极易诱发或加重气管炎、咽喉炎、眼结膜炎等诸多病症。

② 有雾、霾的天气里,人们应适当停止一些户外活动,尤其是一些剧烈的运动。

(4) 道路结冰

从秋末到春初,如果地面温度低于0 ℃,道路上会出现积雪或结冰现象。道路结冰分为两种情况,一种是降雪后立即冻结在路面上形成道路结冰;另一种是在积雪融化后,由于气温降低而在路面形成结冰。

有研究表明,北京降雪引起的道路结冰事件占75%以上,发生降雪结冰时,道面温度和大气温度都低于0 ℃,且道面温度略高于大气温度,周围环境的风速一般都比较小,基本都在4米/秒以下。另外,北京市高速公路内外车道的结冰时刻均存在显著的日变化,80%以上的结冰事件发生在晚上20时到早上8时之间,其中又以发生在后半夜为主。后半夜结冰的持续时间基本都在6小时以下,而前半夜结冰的持续时间明显长于后半夜,最长可以达到23小时。

**道路结冰主要影响**

道路结冰会造成车辆和行人行走困难,易打滑,车辆追尾等交通事故频发,交通受阻,也会造成航班延误。

**道路结冰服务提示**

① 相关部门做好除冰工作。
② 行人特别是老人和孩子尽量减少外出,以防滑倒。
③ 司机要注意路况,起步慢抬离合缓加油,低速平稳驾驶,禁忌急打方向盘,保持安全车距和良好心态,注意行车安全。
④ 行人尽量不骑自行车外出,注意避让机动车和非机动车辆。

(5)冻雨

冻雨是低于0℃的过冷水滴落于温度低于0℃地面或暴露物体上时,迅速凝结为冰的天气现象。通常出现在冬季,在中国南方多、北方少,贵州是全国出现冻雨最多的省份,其次是湖南、江西、湖北、河南、安徽、江苏等地。

北京地区初冬或冬末春初时节可见到冻雨天气,是一种灾害性天气,北方地区称它为"地油子"。

北京地区冻雨出现概率较低,年平均不到1天。在1978—2012年的34年间,大部分地区出现冻雨的累积日数在2~4天,北京观象台(北京地区的代表站,位于大兴区)和佛爷顶站(位于延庆县)出现日数稍多,分别为8天和7天。

由北京观象台1951年建站以来的资料可看出,北京冻雨呈减少趋势。2001年前冻雨出现较多,2001—2012年观象台未观测到冻雨。这可能与气候变化和城市热岛效应有关。如图2-1所示。

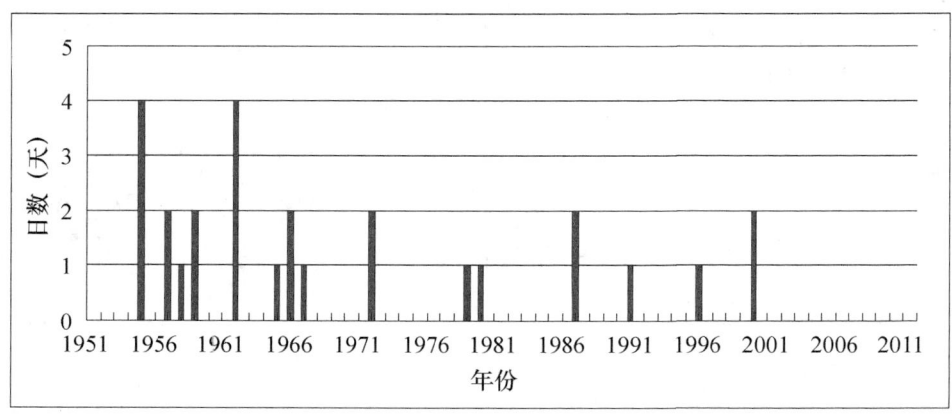

图2-1 北京观象台逐年冻雨日数变化图(1951—2012年)

冻雨主要出现在11月至翌年3月,3月份出现最多。这是由于3月份已进入春天,水汽含量较高,如果遇到强冷空气,则容易形成冻雨;

1月、2月处于隆冬季节,气温较低,降水相态往往是雪。如图2-2所示。

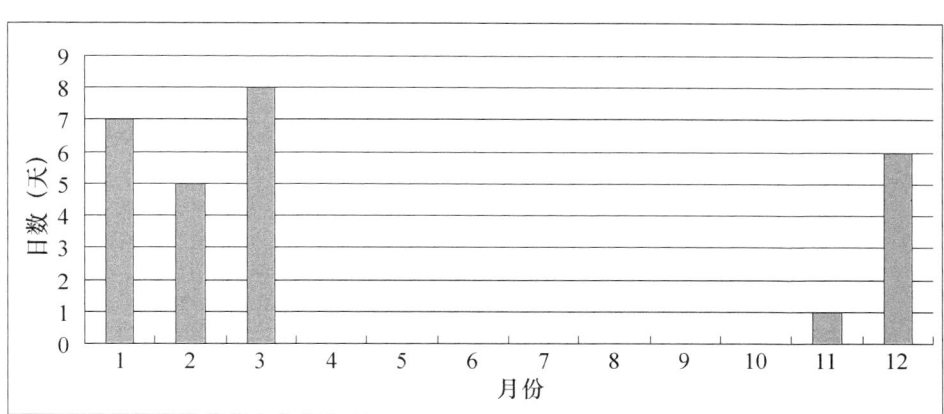

图2-2　北京观象台冻雨日数月际变化图(1951—2012年)

**冻雨影响与危害**

　　冻雨造成的危害十分严重,如电线结上冰凌后增加了重量、遇冷发生收缩,使得电线绷断,导致通信和输电中断等事故;农林作物遇到冻雨后被冻伤、冻死;地面上结冰,交通事故将剧增;飞机在有过冷水滴的云层中飞行时,机翼、螺旋桨会积冰,影响飞机空气动力性能而造成失事。

**冻雨服务提示**

① 及时收听冻雨预报预警信息。
② 公众尽量减少外出,如需外出,要采取防寒保暖和防滑措施。
③ 行人要注意远离或避让机动车和非机动车辆。
④ 司机朋友在冻雨天气里要减速慢行,不要超车、加速、急转弯或者紧急制动,应及时安装轮胎防滑链等。
⑤ 供电部门要做好输电线上雨凇清除工作。
⑥ 做好公路积冰的清除工作。
⑦ 飞机要做好表面除冰工作。

(6) 秋冬转换预防各类疾病

秋冬季节转换，气温骤然变冷，极易使人伤风感冒，还会引起扁桃体炎、气管炎和肺炎等。患有慢性支气管炎和哮喘的病人症状也往往会加重。秋冬季节又是心血管病的多发季节。寒冷还会诱发心绞痛或心肌梗死和胃肠病等。

**秋冬转换服务重点提示**

> 冬季外出要注意防风保暖，儿童、老年人和体弱多病者，应随时注意天气变化，加强锻炼，增加抵抗力。
> 心脑血管病人请留意0℃天气：每年的11月到来年的3月，是一年中心脑血管病猝死高峰的月份。秋冬或冬春季节交替的骤冷和乍寒都易造成脑血管堵塞或心肌梗死。

**秋冬转换服务提示**

> 0℃传递给人们一个体温调适的信息。0℃伊始，天气乍冷，及早添衣保暖，创造一个微小的"衣服气候"，使不会因体温中枢调节不到"位"，而影响身体健康。0℃又是春捂的"警戒"信号。0℃早春，白天再热也不宜过早地脱掉棉衣，因为对于乍热，身体同样需要一个漫长的习惯过程，也是春天何以要"捂"的缘由之一。

(7) 室内外温差

室内供暖，室外降温，室内外温差很大，谨防感冒和心脑血管疾病的发生。

**室内外温差服务提示**

> 久居室内，外出一定要注意防风保暖，心脑血管疾病人群要特别注意头部保暖。

(8)空气干燥补水保湿

进入冬季空气干燥,护肤补水要内外双管齐下。特别是供暖期间,居室加湿也很重要,可以减少呼吸系统疾病的发生。

(9)谨防一氧化碳中毒

随着取暖季节到来,部分平房居民开始采用煤火自取暖,煤气中毒屡有发生。而居室内的一氧化碳浓度,与自然气象条件,以及居室的通风条件有直接关系。当一氧化碳气象指数预报达最高级别4级时,将通过全媒体发布,提醒注意防范。

**煤气中毒服务提示**

要保持环境通风,每天早、中、晚应该定时通风换气,保持室内空气清新。睡觉前应该仔细检查煤炉盖是否盖严,风门是否关死。切忌在没有烟囱的情况下在室内用煤、木炭、木柴、焦炭等可燃物取暖。

使用燃气热水器洗澡导致中毒情况也时有发生,特别对使用直排式燃气热水器洗澡时,应该打开窗户、关好厨房门、洗澡时间不要太长,最好避免一个人在家时洗澡,此外,尽可能避开刮风或阴天时洗澡,不利于废气排放。

燃气自采暖用户注意锅炉排气口通畅、安全。

(10)定时开窗通风有益健康

冬季需避免门窗紧闭,定时开窗通风,可减少居室的二氧化碳和甲醛等有害气体含量增高导致的头晕、乏力、胸闷等不良症状,冬季每天开窗时间往往只需要半小时即可。此外,开窗还能使阳光照到室内,紫外线也能起到消毒杀菌的作用。冬季开窗换气要选择好天气和时间,大风、沙尘和雾、霾天气时尽量少开甚至不开窗;晴朗天气时,以上午9时后到下午3时左右这段时间选择开窗换气为宜。

(11) 冬季晒太阳有好处

冬天紫外线强度减弱,对人体基本没有什么伤害。而且人们在户外活动少了,接受紫外线不足,更需要多晒一晒太阳。适量的紫外线能促进钙质的吸收,对预防骨质疏松有好处。医学研究表明,每人每天至少应该接触 20~30 分钟的阳光,特别是早晨的太阳对人体大有好处。

**晒太阳服务提示**

> 一天中,有两段时间最适合晒太阳。第一段是上午 06—10 时,此时红外线占上风,紫外线偏低,使人感到温暖柔和,可以起到活血化瘀的作用。第二段是下午 4—5 时,此时正值紫外线中的 a 光束占上风,可以促进肠道钙、磷吸收,有利于增强体质,促进骨骼正常钙化。

(12) 冬季穿衣、睡觉有讲究

进入冬季,除了关注天气气候的变化以及调节室内气候(比如增温、加湿)等,还要注意对与人体直接接触的衣服和被窝里的"微气候"。

衣服小气候:保暖、舒适是关键,要有一定的件数和适宜的厚度。适宜的衣服小气候有助于调节体温、维护健康。保持被窝里适宜的小气候,对保证睡眠的质量极为重要。

被窝小气候:厚薄适中、温度适合。

(13) 冬泳

冬泳指冬季在室外水域(包括江、河、湖、海等自然水域与水库等人工水域)自然水温下的游泳。

## 第 2 章　北京地区不同季节的公众气象服务

**冬泳服务提示：**

> 17 ℃以下的水温给人以冷感，低于 8 ℃以下的水温则有冷、麻、强冷刺激的感觉。运动医学专家研究后发现，当水温保持在 10～14 ℃时，一般人在水中游 100～500 米最佳；而当水温低于 10 ℃时，游泳时间就应当受到非常严格的控制。就大多数人来说，水温在 1 ℃时，游 10 米即可，当水温在 2 ℃时，游 20 米最佳，依次类推。

(14) 数九天气

"数九"是从冬至那天开始数起，每九天算一"九"，叫作"一九""二九"……一直到九九八十一天结束，"数九"的过程正是寒极转暖、寒消暖长的过程，所以人们常把这九九八十一天称作"九里天""数九寒天"。

北京数九俗语：一九二九不出手，三九四九冰上走，五九和六九，河边看杨柳，七九河开，八九雁来，九九加一九，耕牛遍地走。

**数九天服务提示**

> 进入数九，天气更加寒冷，外出注意防寒保暖。

(15) 冬季晨练不宜贪早

古人云，冬季应"早卧晚起，必待日光"。因为冬季日出之前，天气是非常寒冷的，只有在太阳出来以后，寒冷才开始缓解。另外，北方地区的冬季一般从后半夜到早晨 8 时前后会出现近地面逆温层，它就像一个大锅盖，把空气中的各种有害物"捂"在地面，形成空气污染的高峰期，而当太阳出来，地表温度升高后，逆温层被打破，近地层污染物向高空扩散能力增强。

**冬季晨练服务提示**

> 在冬季日出前，不宜进行锻炼，以免受"风邪"和污染物的侵害，诱发呼吸道疾病，或引发关节疼痛、胃痛等病症。户外锻炼的最佳时间应是上午 9 时至 11 时左右，并且要选择没有雾的时候进行。

### 2.5.2.3 北京12月历史极端天气案例

(1)强降雪

1997年12月5日,京城普降大雪,5日18时至6日08时30分,北京市因雪天路滑而发生大小交通事故140余起。

(2)低温

1997年12月7日,突发性降温,日最低气温达-12.7 ℃,致使259辆烧柴油的公共汽车因柴油凝固不能启动,严重影响早晨高峰车正常运行。

### 2.5.2.4 12月公众热点问答

(1)问:怎样改善空气干燥?

答:在这么干燥的天气里,我们改变不了大气候条件,但可以改变家里和身边的小气候。每天早上起床后用冷水洗洗鼻子,经常用清水漱口,多喝水,吃些新鲜的水果蔬菜,还可以经常用水擦擦地,在暖气上放上开口的水罐或湿毛巾,用来增加湿度,还可养一些绿色植物,绿萝、吊兰等,最方便的就是使用加湿器,使室内湿度保持在40%~60%比较适宜。

(2)问:"大雪"节气北京的天气有什么特点?

答:"大雪"是二十四节气中的第二十一个节气,如果说"小雪"时节刚刚开始降雪,那么,"大雪"节气应该到了大雪纷飞的时候了,历史上北京"大雪"节气的日最大降水量曾经出现过12.8毫米,但大多数年份降雪并不多,平均降水量只有1.6毫米,甚至比"小雪"节气的降雪量还要小。所以"大雪"节气后北京并不一定能降大雪,但降雪日数增多,地面能有积雪情况增加。大雪节气过后,北京天气已很冷,这段时间,北京多年平均气温为-1.7 ℃;平均最高气温只有3.9 ℃;平均最低气温已降至-6.2 ℃,极端最低气温曾达-19.6 ℃。

一九二九不出手,三九四九冰上走,五九和六九河边看柳。冬至节气开始数九,三九四九冰上走,最冷的时间对应的是1月中下旬,所以1月份是北京最冷的一个月。

(3)问:什么是寒潮?

答:寒潮是高纬度地区的强冷空气大举南下,造成大范围剧烈降温、带来大风和雨雪天气。这种冷空气活动达到一定超强度标准的,称为寒潮。由于我国地域广阔,各地所定的寒潮标准也不一样,就北京而言,寒潮蓝色预警的标准是:风力大于5级,48小时最低气温降温8 ℃以上,同时最低气温在4 ℃以下。

(4)问:为什么我们这里下雪了,还不算北京的初雪?

答:北京地区初雪日是指北京市域内第一次出现较大范围降雪过程的日期。要满足一定的条件,当全市20个人工气象站中多于10个站点观测到有降雪现象;或者城区5站(朝阳、海淀、丰台、石景山、观象台)均观测到有降雪现象;或城区5站中的3个或以上站点观测到有降雪现象,且至少1个站降雪量≥0.1毫米时,才能将该场雪定义为初雪。有时候降雪主要出现在山区,有时候城区出现降雪的站点太少,不符合初雪条件,所以不算北京的初雪。

(5)问:北京为什么夏季降水多、冬季降水少?

答:北京属于暖温带半湿润半干旱季风气候。受东亚季风的影响,冬季盛行从大陆来的干燥的西北风,寒冷干燥,多风少雪。夏季盛行从海洋上来的潮湿的偏南风,雨量集中,经常出现暴雨、冰雹和雷雨大风等强对流天气。

## 2.5.3　1月

1月北京气候特点:本月为一年中气温最低的月份,寒冷、干燥、多风是这段时间的特征。1951年1月13日观象台最低气温达到－22.8 ℃,为有记录以来1月最低值。1月是全年降水量最少的月份之一,在冷空气活动的间歇时段,雾、霾天气多发。

### 2.5.3.1　气象服务敏感要素、敏感点

大风降温和寒潮天气、降雪、道路结冰、雾、霾、持续低温、室内外温差、空气湿度。

### 2.5.3.2　气象服务重点

(1)空气湿度与健康

空气湿度是指空气干湿的程度,气象上通常用相对湿度来表示,它的范围为0至100%,数值越大,空气越潮湿。它的大小取决于空气中含水量的多少。无论冬夏,相对湿度最小值一般在午后,而最大值一般出现在黎明前后。

现代医疗气象研究表明,对人比较适宜的相对湿度,夏季室温为25 ℃时,相对湿度控制在40%~50%比较舒适;冬季室温为18 ℃时,相对湿度在30%~40%较为舒适。

人体是含有水分的有机体,液体占体重的60%~70%,通过热代谢和水盐代谢维持平衡,体内一旦出现失水,生命则难以为继。湿度不适中或超出人体的适应能力,即可导致生病。

冬季干燥的空气容易夺走人体的水分,此时黏膜变干,出现口渴、声哑等现象,严重时会出现鼻腔出血、嘴唇开裂。气管炎、支气管

炎、肺炎、肺结核、支气管哮喘等呼吸道疾病对居室环境都是敏感的。在众多气象环境要素中,空气湿度对下呼吸道疾病的影响最大。湿度偏低,常常会导致病情加重。空气干燥还会使表皮细胞脱水,角化加快,皮脂腺分泌减少,皮肤因此变得粗糙起皱、开裂,有关学者认为这便是我国北方干燥地区妇女的皮肤不如江南妇女那么细腻光洁的主要原因。另外,湿度过低不仅使流感病毒和致病力很强的革兰氏阳性菌繁殖速度加快,而且易使其随粉尘一起扩散,引起流行,导致各种传染病发病率显著增高,哮喘、支气管炎的发作次数明显增加,这一点在低湿的冬季尤为突出。

**服务提示**

当空气湿度偏小(低于30%),就需要采取有效的措施,增加空气中的水分含量。比如,可以通过室内地板洒水的办法,提高室内的空气湿度。冬天可以在暖气附近晾潮湿的衣服、毛巾等,以提高空气湿度。当然,也可以通过加湿器,直接向空气中喷入水雾,短时间内可提高湿度。为了健康起见,加湿器的用水最好使用洁净的冷开水。

(2)持续低温

持续低温的含义是未来3天本市平原地区最低气温将持续低于-10 ℃;或未来3天日平均气温较常年同期持续偏低5 ℃以上。

**持续低温影响**

气温偏低,日照偏少,对设施农业蔬菜等作物生长不利;对供暖能源(供电、燃气等)调度、储备带来压力。对公众健康有不利影响,容易引发感冒、哮喘等呼吸系统疾病和心脑血管疾病等。

**持续低温服务提示**

① 采取合理措施,尽量降低农业损失。

② 提醒公众注意防寒、保暖,早晚和长时间户外活动注意防冻伤。

③ 城市运行(供暖、供电、燃气等)部门启动应急机制,提前做好能源调度、储备准备工作。

#### 2.5.3.3 北京1月历史极端天气案例

(1)寒潮

1986年1月4日,寒潮大风降温,造成城区电力线路断线,掉闸等故障380起,供电损失93500度,保护地蔬菜380多亩遭大风破坏和低温冻害。据不完全统计,农作物受冻致死的达10余万亩。

(2)降雪

2000年1月11日,北京市降中雪,京石、京津塘高速公路、108、109、110国道全部封闭。首都机场83个航班延误。

#### 2.5.3.4 1月公众热点问答

(1)问:如何预防冻疮?

答:冻疮,医学上称为冻伤。人的肌体长时间受到寒冷刺激,血管就会痉挛,血液循环遭到阻滞而造成缺氧,血管壁长时间缺氧就会引起一系列冻伤症状。冻疮主要在手、脚、耳朵等部位多发。症状是手冻得皮肤变白、发紫、水肿及变硬。

预防冻疮首先是要注意保暖,防止长时间受冻;其次是加强体育锻炼,增强耐寒能力;如果在寒冷环境中,要及时活动手、脚,用手搓耳廓等部位;如果在户外受寒过久,不要立即烘烤或将手脚浸泡在热水里。还可多吃些含蛋白质多、脂肪高的食物,增强身体耐寒能力。

(2)问:最近天气寒冷,这时应该注意些什么?

答:寒冷天气要注意以下几个方面:

防寒保暖:寒冷天气里,外出要注意防寒保暖,特别是头部、背部和足部保暖。除了穿保暖的棉服、羽绒服、保暖的鞋子、手套外,最好戴顶帽子,保证头部保暖,免受寒引起头痛、感冒甚至脑血管疾病。

医疗健康:寒冷的天气会使体表的血管遇冷收缩,血流缓慢,肌肉的黏滞性增高,韧带的弹性和关节的灵活性也在降低,极易发生运动损伤。尤其是对患心脏病和高血压病的人来说,寒冷刺激可导致病情加重。因此,老年人要尽量避免在寒冷时段剧烈运动。气温明显下降时,多数疾病发病高峰有一定的滞后性,市民要注意提前预防和做好保暖工作,尤其是心脑血管疾病病人、呼吸系统脆弱的儿童等要特别当心。

另外,由于房间内供暖,室内外温差很大,喜欢晨练的中老年朋友最好在上午9时以后再外出。并充分利用楼道的缓冲作用,减少因突然遇冷刺激而引发生心脑血管疾病。寒冷的冬季里,有心脑血管疾病的人群一定要按时服药,保持血压稳定。

预防煤气中毒:在气温低、空气扩散条件差时,煤气中毒发生的概率就会相应升高,所以自家用煤火、木炭、木柴等自取暖用户,要警惕煤气中毒,房间应该保持一定的通风。

饮食:日常饮食中多吃一些温热的食物以补益身体,防御寒冷气候对人体的侵袭。属于温性的食物有羊肉、桂圆、栗子、核桃仁、生姜、葱、大蒜、大枣等。对于老年人和体质弱人群来说,可多摄入优质蛋白质,增加人体的耐寒和抗病能力。

(3)问:雾天锻炼应该注意些什么?

大雾天气,大气扩散条件差,空气中的污染物比较多,这种天气不适宜长时间户外活动。大雾天气一般在早晨多发,此时不宜户外晨练运动,最好改为室内活动。

(4)问:天气晴好的冬日可以做些什么?

答:在晴朗微风的冬日,市民朋友特别是老人和小孩,可在中午前后穿暖和点到外面晒晒太阳,呼吸呼吸新鲜空气,活动活动筋骨,居室也可以打开窗户通通风。天气晴好的双休日,也可以去郊游休闲。

(5)问:为什么山区多降雪?

答:下雪需要具备三个条件,分别是较好的动力抬升条件、较充足的水汽和较低的温度。山区一方面气温比平原地区低,水汽更容易凝结成雪,另一方面山区的地形复杂,在迎风坡一带由于地形对气流的阻挡使其被迫抬升,水汽遇冷凝结,容易形成云和降雪。

### 2.5.4　2月

北京2月气候特点:2月是北京地区冬季的最后一个月,天气依然寒冷干燥,北方南下的冷空气影响频繁,偶有寒潮带来大风降温和雨雪天气。2月气温依然较低,所以降水多为降雪或雨夹雪。不过和1月相比,2月气温整体呈回升趋势,白天最高气温回升态势明显,平原地区多在0 ℃以上。

#### 2.5.4.1　气象服务敏感要素、敏感点

大风降温和寒潮天气、降雪和道路结冰、雾、霾、持续低温、室内外温差、空气湿度、节日健康与出行、烟花燃放指数、冬春交替。

#### 2.5.4.2　气象服务重点

大风、降温和寒潮天气、降雪和道路结冰、雾、霾、持续低温、室内

外温差、空气湿度等冬季关注重点与提示同前面章节。

(1)节日出行天气方面应该注意什么?

春节假期期间公众出行增多,雨雪、大风降温、雾、霾等天气对交通影响大,提醒外出注意交通安全,注意防风防寒保暖,雾、霾天气还要注意健康防护。跨省或区域出行,需关注途中和目的地的天气情况,提前做好防范准备。

(2)冬春交替乍暖还寒

节气上进入"立春"后,通常气象意义的春天还未到,天气特点是乍暖还寒,昼夜温差还比较大,而且天气多变。这个时候增减衣服要得当,以防感冒和心血管疾病的发生或加重。

(3)冬末春初防哮喘

冬末春初,气候多变,忽冷忽热,是支气管哮喘的高发季节。寒冷空气刺激、病毒和细菌感染、情绪激动以及过敏等都可能是哮喘的诱发因素。此时要注意防寒保暖,加强体育锻炼,增强体质,避免感冒的发生,平时多饮温开水。

(4)冰面逐渐融化,切忌滑野冰

室外冰场开放的要求是冰层厚度达到15厘米以上。受气候条件限制,每年开放时间不一,按惯例,随着气温的逐渐升高,冰层厚度降低,公园露天冰场逐渐关闭。此时由于天气渐暖,其内部结构已开始发生变化,边缘地带冰面慢慢融化,滑冰会非常危险,所有此时要提示公众忌滑野冰。

(5)节日大风天,燃放烟花爆竹需防火

冬季大风天气增多,风干物燥,森林火险等级居高不下,春节前后燃放烟花爆竹,更增加了火险的风险。提示公众注意防火和用电设施的安全。遵守禁放规定,在规定时间、指定地点燃放烟花爆竹;不要在人员密集场所、易燃易爆场所燃放。大风天气里,风干物燥、火借风势,燃放烟花爆竹易引发火灾,不适宜燃放。

(6)冷冬、暖冬

所谓暖冬和冷冬,即某年某一区域整个冬季(12月至次年2月)的平均气温高于常年值或气候平均值时,称该年该区域为暖冬,反之为冷冬。

2.5.4.3　北京2月历史极端天气案例

(1)降雪

1991年2月26—29日,本市普降大雪,雪量10～22毫米,积雪造成94亩金属骨架大棚坍塌,蔬菜受灾面积21511亩。积雪造成70条线路长途汽车停运,城区公共电汽车普遍晚点和大间隔。

(2)大雾

1994年2月17日,本市出现能见度小于50米的浓雾,持续到19日上午10时左右。首都机场因雾关闭30多小时,影响客运、货运250架次,滞留旅客1.6万人。周边多条高速公路采取封路措施。

2.5.4.4　2月公众热点问答

(1)问:这个季节天气有什么特点呢?

答:进入2月,虽然三九天已过,但北京还是冬季。立春春还远,穿暖暖心田。此时大部分时间仍然寒冷干燥,仍需注意防寒保暖和及时补充水分。一般北京地区春节过后,回暖趋势明显。天气回暖是大趋势,中间也有上下波动。降水仍然较少,雾、霾天气比较多见。

(2)问:立春、立春,是不是过了立春就是春天到了?

答:"立春"的"立"字,即为开始之意。立春以后春风送暖,大地开始解冻。立春节气也是最受农民欢迎的节气,因为它给人们带来了温暖,带来了希望。但我国幅员辽阔,各地气候差异很大,各地春季开始的时间很不一致,南早北晚。按照气候上的定义,广州的春天从1月份就开始了,而哈尔滨的春天5月份才到。北京气候上的春天一般在3月底到4月初开始。所以立春节气北京仍处在冬天。大家应根据实际情况注意穿衣保暖,对寒冷天气保持足够的警惕,减少患感冒的机会,保证身体健康。

(3)问:光照这么好,为什么气温就是上不去呢?

答:主要是冷空气的作用导致的。由于冷平流的降温作用大过了光照增温的作用,所以,气温即使在阳光充足的白天,也会出现不升反降的情况。

# 第 3 章 二十四节气与气象服务

| 排序 | 节气 | 内容含义 |
|---|---|---|
| | 节气歌 | 春雨惊春清谷天,夏满芒夏暑相连,秋处露秋寒霜降,冬雪雪冬小大寒。上半年是六廿一,下半年来八廿三,每月两节日期定,最多不差一二天。 |
| 一 | 立春 | 　　立春是二十四节气之首,每年2月4日前后,当太阳到达黄经315°时为立春的开始。立春预示着季节的转换,冬季即将结束,春季就要开始。气象上立春并不等于春季的到来。北京气象意义的春天一般等要到3月中下旬才开始。<br>　　立春节气以后,总体趋势是严寒渐去,冰雪消融,气温逐渐回升,万物复苏。此时自然界阳气开始升发,可增加户外活动,多到户外享受阳光。不过北京地区仍处在寒冷的冬季,天气仍寒冷干燥,外出还需防寒保暖,平时注意多给身体补充水分。 |

续表

| 排序 | 节气 | 内容含义 |
|---|---|---|
| 二 | 雨水 | 每年2月19日前后,当太阳到达黄经330°时为雨水节气的开始。冬春交替时节,气温波动式回升,冰雪融化、湿度增加,降水增多,雪开始变成雨水降落,故为"雨水"节气。而此时北方仍处于"春雨贵如油"的春旱季节,降水稀少。<br>雨水节气期间,北京地区冷空气活动频繁,天气比较多变,尤其气温变化幅度较大,乍暖还寒。此时人们要根据天气变化调整着装,注意防寒保暖,体弱人群适当"春捂",谨防感冒、心脑血管疾病。 |
| 三 | 惊蛰 | 每年3月6日前后,太阳到达黄经345°时为惊蛰。惊蛰是指立春过后,天气回暖,雨水增多,春雷响起,惊动万物,蛰伏在地下冬眠的动物开始出土活动。<br>此时,江淮地区已进入春耕大忙季节,而北京地区主要为冬小麦和设施农业的管理期。进入惊蛰节气,万物复苏,病菌、病毒繁殖显著加快。此时北京地区天气多变,多风沙、空气干燥、昼夜温差大、忽冷忽热,容易导致流感、腮腺炎、肺炎等传染性疾病;心脑血管疾病也进入高发期。因此,惊蛰节气要注意防寒保暖,适当增减衣服;注意饮食卫生和室内通风换气;饮食上多清淡,少辛辣;同时还应加强户外活动和身体锻炼,提高自己的免疫调节能力。 |

续表

| 排序 | 节气 | 内容含义 |
| --- | --- | --- |
| 四 | 春分 | 每年3月20日前后太阳到达黄经0°(直射赤道)时为春分节气。俗话说:"春分秋分,昼夜平分。"此时,太阳直射赤道,南北半球得到的热量一样多,昼夜时间一样长。在北半球是春天,而南半球则是秋天,过了春分,太阳直射点北移,北半球得到太阳辐射逐渐增多,白天增长,黑夜渐渐缩短。<br>此时北京地区大概率已进入气象学意义的春天,受冷暖空气交替影响,天气复杂多变,气温起伏波动较大。此时华北地区多大风和扬沙天气,要做好防风防火的准备。同时受冷暖气团交汇影响,也会出现连续阴雨和倒春寒。春分节气越冬作物已进入春季生长阶段,需加强田间管理。此时公众需防范乍暖还寒天气对健康的不利影响,防范感冒等呼吸道疾病和心脑血管疾病。 |
| 五 | 清明 | 每年4月5日前后,太阳到达黄经15°时为清明。清明的含义是气温渐渐变暖,草木青青,天气清澈明朗。清明是二十四节气中,唯一演变成民间扫墓祭祖、缅怀先人的节日节气。<br>清明节气是春耕春种的时节。同时民间自古有着扫墓、插柳、踏青、放风筝等丰富的纪念和娱乐活动,缅怀先人、享受大自然的春光。此时北方冷空气仍有一定势力,天气冷暖多变,人们外出要关注气象信息,根据天气情况加减衣物,预防感冒。同时还应注意防御低温和晚霜冻天气对小麦及其他春播作物和开花果树造成的危害。 |

续表

| 排序 | 节气 | 内容含义 |
|---|---|---|
| 六 | 谷雨 | 每年 4 月 20 日前后太阳到达黄经 30°时为谷雨。此时的降雨对正处于孕穗期的冬小麦和幼苗期的春播作物,尤其是谷类农作物生长来说十分关键,因此自古以来就有"雨生百谷"说法,故此节气取名为"谷雨"。谷雨是农业种植的繁忙季节,气温回升快,降雨明显增多,雨水的滋润,五谷生长,真可谓"好雨知时节"。<br>然而,谷雨期间北京地区降雨仍然不多,依然是"春雨贵如油"。从气候上讲,"谷雨"节气北京地区气温继续升高,天气更加暖和,降雨次数和降雨量呈明显增加趋势。据气候统计,北京地区谷雨节气期间,气温适宜多种农作物生长。此时北京很多花卉逐渐开放,进入春季旅游旺季。不过有时仍会受到强冷空气影响,带来大风降温,给公众生活和农作物生长带来不利影响,需关注天气信息,提前做好防范。 |
| 七 | 立夏 | 每年 5 月 5 日前后太阳到达黄经 45°时为立夏的开始。天文上,立夏预示着季节的转换,春季的结束、夏季的开始。而气象意义上的夏季,还要达到连续五天滑动平均气温达到 22 ℃气温标准。北京地区一般在 5 月中下旬进入气象意义的夏天。<br>立夏后,气温显著增高,雷雨增多,万物生长旺盛。这个时节非常适宜户外踏青、郊游。但此时节雷雨等强对流天气开始逐渐增多,出游特别是前往山区游玩要注意强对流天气发生可能,提前做好防范准备。 |

续表

| 排序 | 节气 | 内容含义 |
| --- | --- | --- |
| 八 | 小满 | 每年的5月21日前后太阳到达黄经60°时为小满节气开始。古书《月令七十二候集解》中载:"小满者,物至于此小得盈满。"意思是说到了这个时候,我国黄河地区麦类等农作物已经进入乳熟期,籽粒开始饱满,但尚未达到完全成熟;小满节气的含义是指此时自然界的植物都比较丰满和茂盛,麦类的籽粒逐渐饱满,尚未达到最饱满的时候。<br>小满节气期间,北京地区冬小麦正在灌浆,气温进一步升高,农事活动开始进行夏收、夏种、夏管"三夏"大忙季节,要做好小麦的干热风防御工作。另外,这个时节,正值本市春夏之交,升温趋势经常是锐不可当,日平均气温将升至22~23 ℃,日平均最高气温将由27 ℃左右升至29~30 ℃,雷雨明显增多,人们外出和郊游还要关注雷电等强对流天气的影响,做好防备。 |
| 九 | 芒种 | 每年6月6日前后太阳到达黄经75°时是芒种节气的开始。芒种有两层含义,一是指麦类等有芒作物成熟,到了收获期;二是中稻(半晚熟稻)、玉米等秋收农作物到了播种期,正可谓"芒种芒种,忙收又忙种"。北京地区的麦收自南向北,一般在6月中旬开始。<br>农历芒种节气前后,江淮地区梅雨开始,北方地区出现强对流雷雨和冰雹等天气明显增多。北京地区芒种时期天气变化的主旋律是晴朗、微风、空气湿度小、天气比较炎热。白天最高气温超过35 ℃天数已不在少数。降雨次数和降雨量增加,特别是对流性天气阵雨、雷阵雨明显增多,偶尔还有雷雨大风和冰雹。所以此时节更需注意天气变化,做好防雨、防雷电和雷暴大风防御措施,科学安排生产生活。 |

续表

| 排序 | 节气 | 内容含义 |
| --- | --- | --- |
| 十 | 夏至 | 每年6月21日前后太阳到达黄经90°太阳直射北回归线时为夏至节气的开始,此时,北半球白昼最长,黑夜最短。<br>夏至这一天,太阳直射北回归线,在北半球白天最长,黑夜最短。进入夏至,太阳照射地球的位置将逐渐南移,北半球将黑夜渐长。俗话"吃了夏至面,一天短一线",反映了昼夜长短的变化规律。夏至日虽然是一年中日照时间最长的一天,但并不是气温最高的日子,因为夏至后一个多月里,白天仍然比黑夜长,阳光照射强烈,地面吸收的热量大于支出,地面仍处于持续聚热增温的阶段,直到地面积累的热量达到最高峰,所以一年中最热的时段一般在"伏天"。此时北京地区气温继续升高,天气多炎热或闷热,降雨频次和降雨量增多,常见强降雨和高温天气。此时需适当饮食调理和补养,防止"苦夏"症,忌贪凉而过食生冷。同时注意休息,保证午休时间。 |
| 十一 | 小暑 | 每年7月7日前后太阳到达黄经105°时为小暑节气的开始。暑是炎热的意思,小暑是天气已经比较炎热,但还没有达到最热的时候。<br>但对于北京地区来说,小暑节气(7月7—21日)里,日平均气温最高,超过35 ℃的高温天数最多,所以小暑节气应是北京最热的节气。此时北京进入盛夏时期,受副热带高压逐渐西伸北抬影响,北京地区小暑期间空气湿度逐渐增大,闷热天气增多,降雨也显著增多,故又有"小暑连大暑,雨多灌死鼠"民谚。表明北京及我国北方大部分地区此时已经真正进入雨季,所以在注意防暑降温的同时,还要做好防汛的各项准备工作。<br>由于空气湿度大、气温高,北京进入霉变期。消化道疾病明显增多,饮食应以适量、清淡有营养为宜。同时注意平静养心,防止暑热给人带来的心烦不安,疲倦乏力,确保心脏机能健康。 |

续表

| 排序 | 节气 | 内容含义 |
| --- | --- | --- |
| 十二 | 大暑 | 每年7月23日前后太阳到达黄经120°时为大暑节气的开始。大暑的含义是热的高峰,大暑时节,往往是骄阳似火,热浪滚滚,紫外线照射强度强。这时我国大部分地区都进入一年中最热的时期。<br><br>农历大暑节气,北京地区正值盛夏,处于伏天中,气温高、降水多、湿度大、风力小,多高温闷热天气。持续高温闷热、持续高湿闷热都容易导致中暑的发生。此时防暑降温最重要,外出要特别注意防晒和及时补充水分。另外,民间有"大暑接小暑,雨多灌死鼠"说法。据气候分析,7月下旬到8月上旬正是北京降雨最为集中的时候,因此有所谓的"七下八上"主雨季说法。此时期北京进入主汛期,防汛工作为重中之重,城市供电用水的保障服务也尤为重要。 |
| 十三 | 立秋 | 每年8月8日前后太阳到达黄经135°时为立秋的开始。立秋预示着开始进入季节转换阶段。气象意义上的秋季,一般是指连续五天滑动平均气温在22~10 ℃时为秋季。<br><br>立秋是预示季节转换的节气,秋是指暑去凉来,意味着秋天即将开始,也是指庄稼快熟的意思。由于立秋后南方暖湿空气势力逐渐减弱南退,北方冷空气则开始变得活跃加强,使空气渐渐变得干燥,气温日较差逐渐明显,白天热,早晚渐渐变得凉爽。农谚道,"早晨立了秋,晚上凉飕飕""立秋一日,水冷三分"。民间还有"立了秋把扇丢"的说法,意思是说,立秋之后,暑去、凉来,昼夜温差加大,天气会一天比一天舒适,扇子用不着了。对北京地区来说,立秋后天气总体趋势是逐渐变得凉爽舒适,但具体到某一年,立秋后某个时段可能会出现气温不降反升的情况,这都属于正常波动。因为立秋过后的一段时间三伏还没有结束。但总的来看,立秋后要注意适当调整着装,特别是早晚外出需适当添衣,以免感冒。立秋节气里,北京仍处在于汛期,降雨仍然多发,防汛服务依然十分重要。 |

续表

| 排序 | 节气 | 内容含义 |
|---|---|---|
| 十四 | 处暑 | 每年8月23日前后太阳到达黄经150°时为处暑节气的开始。处暑的含义是指炎热的夏季就要过去,气温逐渐下降明显。<br>进入处暑后,北方的冷空气活动比较频繁,气温开始呈现明显下降趋势,尤其早晚气温下降速度加快。处暑后有时天气还会比较热,有些年份还会出现"秋老虎"(在气象学上是指三伏出伏以后,短期回热后的35℃以上的天气)。北京地区处暑节气比立秋节气降水明显减少,但还常会有较强降水发生。<br>处暑节气正是处在由热转凉的交替时期,此时节要根据天气变化及时调整着装,夜间休息也要注意保暖,谨防受凉引起感冒及其他疾病。 |
| 十五 | 白露 | 每年9月8日前后太阳到达黄经165°时为白露。白露的含义是指天气渐凉,由于夜间温度降低,水汽在地面或近地物体上凝结成白色的水珠。所以,白露实际上是表征天气已经转凉,空气中的水汽往往会在草木上凝结成露水。<br>进入白露节气,天气渐凉,秋风送爽,暑气渐消,白露节气过后北京的气温下降明显,尤其是早晨前后气温普遍下调,早晚需要及时添加衣被,谨防呼吸道和心脑血管疾病。"白露身不露"谚语也提示,进入白露节气,穿衣服就不能再赤膊露体,要减少身体的暴露,注意保暖。体质较弱的老人和儿童、糖尿病患者、心脑血管疾病患者、慢性支气管炎患者、哮喘病患者和关节炎患者都不适合"秋冻"。另外,此节气比处暑期间总降水量减少一半以上。此时空气逐渐变得干燥,应注意及时补充水分,增加滋阴润肺的食品,防止出现口干、鼻干、咽干及大便干结、皮肤干裂等秋燥症状。 |

续表

| 排序 | 节气 | 内容含义 |
|---|---|---|
| 十六 | 秋分 | 每年9月23日前后,太阳到达黄经180°,阳光直射地球赤道时为秋分。此时南北两个半球所得到的太阳热量一样多,昼夜时间一样长。<br>秋分这一天,太阳直射地球赤道,太阳从正东方升起,又从正西方落下。"春分秋分,昼夜平分""秋分者,阴阳相半也,故昼夜均而寒暑平"。意思是说到了秋分节气,白天和夜间的时间长短均等,气候上也是既不冷也不热。我国古代是以"立秋"节气作为秋天开始,以"霜降"节气作为秋天的最后一个节气,这样"秋分"这一天正好处于秋天(共90天)的中分点位置,好像平分了整个秋季。<br>秋分过后,太阳直射点继续南移,北半球得到的太阳热量逐渐减少,白天渐短,黑夜渐长。天气也会一天天变冷,农谚说,"一场秋雨一场寒""十场秋雨要穿棉""白露秋分夜,一夜冷一夜"。表示天气逐渐转凉,气温下降,尤其早晚气温下降更明显,需要准备好秋装,及时添衣保暖。农谚有"白露早,寒露迟,秋分种麦正当时",说明秋分也正是秋收秋种的大忙时节,及时抢收秋收作物可免受早霜冻和连阴雨的危害。同时,此时北京地区也开始迈入金秋旅游季节。 |
| 十七 | 寒露 | 每年10月8日前后,太阳到达黄经195°时为寒露。寒露的意思是露气寒凉,气温比白露更低,天气由凉转冷。<br>寒露节气也是反映气温变化特征的节气。古书《月令七十二候集解》中对这个节气的解释是:"九月节,露气寒冷,将凝结也"。意思是说,到了阴历九月份,由于天气变冷,近地面的水汽在植物叶子上凝结出来露水不仅要比"白露"节气时候多,而且露水的温度也更加低,感觉更加寒凉。<br>此时北京平原地区极端最低气温可降到5℃以下,出现初霜冻。民谚道:寒露一到百草枯。寒露后,绿色的植被将渐渐减少。此时冷空气活动频繁,时常有阴雨和降温天气出现。气温日较差很大,天气忽冷忽热,在这一时节,是感冒、心脑血管等疾病的高发期,郊游等户外活动要适当多穿件衣服,预防感冒。然而正是这样的白昼晴暖夜晚"寒露"的天气,促成了秋季农作物的陆续成熟。此时北京地区也正是秋收秋种的大忙季节。 |

续表

| 排序 | 节气 | 内容含义 |
|---|---|---|
| 十八 | 霜降 | 每年10月23日前后,太阳到达黄经210°时即霜降,为传统季节划分里秋季的最后一个节气。霜降表示天气转冷,昼夜温差变化较大,夜间或者早晨近地面水汽容易凝华成霜。<br>霜的出现表明地面温度已达0℃以下。气象专家指出,霜既不是从天空降下来的,也不是由露水冻结而成的,而是近地面空气中的水汽遇冷后在地面上或地物上直接凝华而成的。霜的出现早晚与冷空气的活动密切相关,每年早霜的出现时间也不一样,对农作物的生长有一定的影响,可使某些农作物出现冻伤或冻死现象。北京地区当夜间最低气温达到5℃时,地面温度往往就会下降到0℃以下,此时如果靠近地表空气层的湿度较大,就会见霜了。<br>气象学上,一般把秋季出现的第一次霜叫作"早霜"或"初霜",而把春季出现的最后一次霜称为"晚霜"或"终霜"。当然霜也并非一无是处,因为它不仅可以点缀秋色,使某些植物叶片变得色彩斑斓,呈现"霜叶红于二月花"自然景观,还能使水果和蔬菜不仅色泽鲜艳而且更加香甜可口。<br>此时天气寒意渐浓,空气干燥。对公众来说,首先要重视保暖,其次要防秋燥、防秋郁,多吃健脾养阴润燥的食物,适当增加运动。抵抗力差的老年人,应及时关注天气,按时增减衣服,以免身体受寒导致生病。 |
| 十九 | 立冬 | 每年11月7日前后,太阳到达黄经225°时为立冬节气的开始。一般而言,立冬预示着季节的转换,冬季即将开始。民间习惯以立冬为冬季的开始,但按照气候学划分四季标准,满足连续5天滑动平均气温稳定低于10℃的标准条件,才为入冬。北京的入冬时间一般比立冬日早几天,多在10月底到11月初入冬,常年平均入冬时间是10月30日。<br>立冬时节,北半球获得的太阳辐射量越来越少,此时地表贮存的热量还有一定剩余,所以一般还不会太冷。但冷空气的势力呈明显增强的趋势,天气越来越冷,时有大风降温天气出现。此时人们外出要特别注意添衣保暖,做好防寒防冻准备。北京地区一般在11月中旬前后开始供暖,供暖使室内空气变得干燥,需要及时补充水分,适当增加室内湿度。 |

续表

| 排序 | 节气 | 内容含义 |
| --- | --- | --- |
| 二十 | 小雪 | 每年11月22日前后，太阳黄经达240°时即为小雪节气。此时气温明显下降，天气变得寒冷，开始出现降雪，但还不是容易大雪纷飞的时节，所以称为小雪。<br><br>小雪节气是反映天气现象的气候特征节气。秋去冬来天气逐渐寒冷，转眼间到了小雪节气，古书《月令七十二候集解》中说，"小者，未感之辞也"，即是说小雪节气还是整个降雪季节的"初级阶段"。<br><br>小雪节气后，寒潮和强冷空气活动开始频繁起来，常会带来大风降温天气，气温也将逐渐降到0 ℃以下，此时降水多会以降雪形式出现，常会出现入冬以来的第一场雪。此时降雪对农业有极大好处，因为被雪覆盖的大地，不会因寒潮的袭击而使其温度降得过低，从而有利于冬小麦等农作物安全过冬；积雪融化以后，滴滴入土，既可以增加土壤的墒情，又提高了土壤的肥力，因为雪水的平均氮化物含量是普通雨水的5倍之多。因此又有"麦盖三床被，枕着馒头睡"的谚语。<br><br>此时北京地区天气多寒冷干燥、昼夜温差大，早晚寒冷；降雪时天气阴冷。需要准备防寒保暖的衣被，谨防呼吸道和心脑血管疾病。 |
| 二十一 | 大雪 | 每年12月7日前后，太阳黄经达255°时，大雪节气开始。大雪的节气到来，表示着天气更加寒冷，降雪的可能性比小雪时节更大。<br><br>大雪节气是反映天气现象的气候特征节气。大雪节气的到来，表示到了冬天下大雪的时候了。古书《月令七十二候集解》对此节气解释说："大者，盛也，至此而雪盛也"。然而对北京而言，这种气候特征并不十分显著，"大雪"节气后北京地区降雪天气仍然不多，雪量一般也不大，但由于天气寒冷，一旦出现降雪，地上却容易出现积雪，并且不容易很快化掉，因此即便降水量只有零点儿毫米，也会对道路交通造成较大的影响。大雪节气里，北京地区天气寒冷干燥，平均相对湿度降至50%以下，天寒气燥，呼吸道和心脑血管疾病高发。因此年老体弱的朋友和儿童此时要特别注意防寒保暖和健康防护。 |

续表

| 排序 | 节气 | 内容含义 |
|------|------|----------|
| 二十二 | 冬至 | 每年12月22日前后,太阳到达黄经270°为冬至。此时太阳直射南回归线,在北半球白昼最短,黑夜最长。冬至预示气温变化的节气。<br>冬至这一天太阳到达最南的位置(即南回归线),北半球白天的时间在一年中最短,影子最长,故此叫冬至。冬至过后,北半球白天的时间逐渐延长,黑夜渐短。因此民间有"吃了冬至面,一天长一线"的说法。冬至过后,虽然白天的时间在延长,地面获得的热量因此会出现缓慢增加,但地面热量入不敷出情况会更加严重,平均气温会继续下降,因为此时地面贮存的热量已经被消耗殆尽。自此我国北方大部分地区将进入"数九寒冬",从冬至这一天开始"数九"。<br>冬至的到来,天气更加寒冷,要注意加强防寒保暖,特别是体质虚弱和心脑血管疾病人群,最好选择在中午前后外出活动。 |
| 二十三 | 小寒 | 每年1月5日前后,太阳运行到黄经285°时为小寒。冷气积久而为寒,小寒就是天气寒冷,但还不是最冷。小寒表示天气寒冷程度的节气。隆冬"三九"基本上处于本节气内,因此有"小寒胜大寒""小寒、大寒冻作一团"的谚语。<br>此时,在我国北方常会有寒潮天气出现,大风降温多发。对北京来说,小寒节气正处于"三九"寒天,是一年中气候最冷的时段。此节气里,冷空气活动频繁,干燥严寒,极易发生冻伤、关节炎、口角炎等症;又因室内外温差大,是流感等呼吸道疾病的多发季节。由于严寒使血管收缩、气血凝滞,血液黏稠度加大,又是心血管病高发期。所以,此时应注意保暖避寒,谨防呼吸道和心脑血管疾病的发生。 |

续表

| 排序 | 节气 | 内容含义 |
|---|---|---|
| 二十四 | 大寒 | 每年1月20日前后太阳黄经达300°时，进入大寒节气。顾名思义，表示着天寒地冻，一年中天气严寒的节气。民间有"小寒、大寒冻作一团"的谚语。北京地区大寒一般没有小寒冷，但大寒节气里处于"四九夜眠如露宿"的"四九"也是很冷的。<br>大寒是我国二十四节气的最后一个节气，也是表示天气寒冷程度的节气。这时地面吸收到的太阳热量和地面向外散发的热量大致相等。这个时节，天气寒冷干燥，容易发生冻疮，也是关节炎、感冒、慢性支气管炎、肺炎、哮喘、心脑血管等疾病的多发时期，要及时关注寒潮、大风降温等气象预报预警信息，做好防寒保暖的准备；外出要穿上羽绒服类服装，戴上帽子、围巾和手套等防寒服饰。 |

# 第4章 节假日和特殊时期预报服务

## 4.1 法定节日期间服务

### 4.1.1 元旦节日

服务提示指导:元旦节日期间正处于一年中最寒冷时期中,雨雪、寒潮、大风、雾、霾等天气会对节日交通出行和户外活动带来重要影响。

(1)提醒注意防寒保暖,长时间户外活动注意防冻伤,需要羽绒服、帽子、手套、围巾全面武装。

(2)雨雪天气注意出行和交通安全,控制车速,提前了解路况信息。

(3)雾、霾天气注意能见度对交通的影响,出京提前了解高速路封路信息,保持安全车距。

(4)天气寒冷干燥,提醒公众节日期间注意合理搭配饮食,及时补充水分;有心脑血管疾病的老年朋友特别注意自身健康,避免过度疲劳。

(5)大风天注意防火和用火安全。

### 4.1.2 清明节

服务提示指导:清明节日期间正值早春,在祭扫之余,节日期间春游踏青人员较多;此时重点关注雨雪、寒潮、大风沙尘、雾、霾等天气对公众户外活动和交通出行的影响。

(1)关注气温起伏变化,提醒合理着装,适当"春捂",早晚注意防寒保暖;到郊区、山区扫墓、游玩特别注意增加衣服。

(2)雨雪、雾、霾天气出行注意交通安全。

(3)风干物燥,森林火险等级高,大风天气特别注意用火安全,文明祭扫,禁止一切野外用火。

(4)春季花粉过敏症人员需要适当防范,出游适当注意防晒。

### 4.1.3 "五一"节日

服务提示指导:"五一"节日期间北京地区正值春暖花开,气温舒适宜人,最适宜春游赏花和户外活动,选择出游的公众大幅增多。此时降雨、气温的起伏变化和雾、霾天气是服务重点内容。

(1)关注气温起伏变化,提醒合理着装,早晚适当加衣;到郊区、山区游玩特别注意带件备用的衣服。

(2)降雨、雾、霾天气出行注意交通安全;雾、霾天气出行注意防护。

(3)大风天森林火险等级较高,特别注意用火安全,禁止一切野外用火。

(4)春季花粉过敏症人员出游要注意采取防护措施;晴天户外活动特别注意采取防晒措施。

## 4.1.4 端午节日

服务提示指导:处于6月初的端午节日,正处于高温、强对流天气的高发期,公众外出游玩、户外活动较多,交通出行、旅游等户外活动是服务重点。

(1)高温天气提醒公众注意防暑和遮阳防紫外线,中午前后避免在阳光下暴晒。

(2)一般早晚凉爽舒适,适宜交通出行和户外活动。

(3)关注强对流带来的雷雨、大风和冰雹天气,提前做好出行和户外活动提示。及时关注气象部门发布的雷电、暴雨、冰雹等灾害性天气预警和相对应的防御提示。特别提示到山区游玩防范强降雨带来的滑坡、泥石流、崩塌等地质灾害。

(4)到公园游玩,当预报有达到4级的风时,尽量不要下河划船,如遭遇突发雷雨、大风等天气,游船尽快靠岸。

## 4.1.5 国庆节日

服务提示指导:国庆节日正处北京的金秋时节,一般风清气朗,舒适宜人,适宜市民秋游、采摘和各类户外活动。不过降雨、雾、霾天气也会对交通出行、旅游等活动带来一定影响。

(1)降雨天气提醒公众外出携带雨具,特别注意交通安全。

(2)雾、霾天气提醒适当减少或停止户外活动,开车出行注意能见度变化,谨慎驾驶。

(3)到公园游玩,当预报有达到4级及以上的风时,尽量不要下河划船。

(4)阳光好的天气户外活动特别注意遮阳防晒。

### 4.1.6 春节

服务提示指导:春节期间北京主要的天气特点还是寒冷,冷空气带来的寒潮、大风、降温、降雪天气,以及雾、霾会对节日公众交通出行、生活休闲、走亲访友带来较大影响。另外,春节期间燃放烟花爆竹的习俗对气象条件(大风、雨雪、雾、霾)也非常敏感,需加强烟花燃放指数和森林火险等级指数等方面服务。

(1)降(雨)雪天气容易带来道路结冰,道路湿滑,出行需特别注意防滑,开车特别注意路况信息和交通安全。

(2)雾、霾天气使能见度变差,高速路出行需特别关注路况信息,谨慎行驶;雾、霾天建议减少或停止燃放烟花爆竹。

(3)大风降温、低温天气提醒公众外出走亲访友、逛庙会注意防风、防寒、防冻。

(4)大风天森林火险等级高,建议减少或停止燃放烟花爆竹,注意用火安全。

(5)节日期间燃煤和自采暖用户特别注意防范一氧化碳中毒。

(6)节日期间天气寒冷、干燥,提醒均衡饮食,劳逸结合,注意预防呼吸道和心脑血管等疾病。

## 4.2 特殊时段气象服务

### 4.2.1 春运

春运期间天气寒冷,寒潮、大风、雨雪和雾、霾天气会对交通运输和节日出行带来重要影响。此时要重点做好北京地区公路交通、交通枢纽和周边高速路精细化交通气象服务及全国主要城市交通气象服务。其次关注公众出行防寒保暖、预防疾病等生活气象服务内容。

(1)雨雪(包括冻雨)天气容易带来道路结冰,无论自驾车还是乘坐公共交通工具都要特别注意交通安全。

(2)雾、霾天气使能见度变差,高速路出行需特别关注路况信息,谨慎行驶。

(3)持续低温会对车辆发动、行驶和制动带来不利影响,需要特别提醒关注。

(4)大风降温、低温天气提醒公众注意防风、防寒、防冻,长时间出行注意补充水分。

### 4.2.2 中考、高考

中考:6月24—26日前后。

高考:6月7—10日前后。

6月北京地区高温、强对流天气(暴雨、雷电、冰雹、短时大风)进入多发时节。不过6月上中旬一般高温天气以晴晒天气为多,空气湿度不大,昼夜温差比较大,高温对高考影响不大。6月下旬,也就是中考期间,空气湿度增大,夜间气温升高,闷热感增强,高温闷热对中考有一定影响。强对流天气对考生交通出行和安全会带来不利影响。

(1)高温天气提醒注意防暑降温,白天特别注意遮阳防晒,避免中午前后长时间在户外曝晒。

(2)昼夜温差大,夜间睡觉不宜开窗直吹,避免引发感冒和身体不适。

(3)关注最新的天气信息,暴雨、雷电、冰雹和大风天气提前做好防护,合理安排出行时间。

## 4.3 北京马拉松比赛气象服务

北京马拉松简称"北马",是国际公认的中国最高水平马拉松赛。以 2017 年 9 月 17 日第 37 届北马为例,有来自 42 个国家和地区的近 3 万名运动员参赛,创造了国内单场马拉松赛事破 3 小时完赛的人数之最,3 小时完赛达到了 358 人,是一场高规格、高质量的赛事。

### 4.3.1 马拉松与气象条件

全长 42.195 千米的马拉松长跑是最耗费体力的运动之一,对气象条件十分敏感,不同天气对马拉松的筹备、比赛的开展及完赛成绩都有很大影响。

影响大的气象因子有气温、风向风速、降水、空气湿度等,尤其是气温和风速对整个比赛有着极大的影响。例如,在气温较高的条件下参加比赛容易发生中暑或晒伤,且气温与马拉松相关的心脏骤停、心源性猝死均有显著的正相关关系。而在气温过低时则又容易发生冻伤等。气压与男子优秀运动员比赛成绩呈显著负相关,即气压越高,成绩越好;但气压与男子一般运动员和女子成绩的关系不显著。风对运动员比赛成绩影响表现在两方面:一是散热,二是阻力或推力,风速使女子运动员体内散热更快,利于取得好成绩,男子运动员比赛成绩受风速的影响则不显著。因此一般来说,马拉松赛事组织者在公布马拉松运动成绩时,通常会附加说明比赛时的气候状况(气温、湿度、风向、晴雨等),以供人们参考。

研究表明,最适宜马拉松比赛的气象条件是:微量降雨、气温在 14~16 ℃、风速 1.6~5.4 米/秒(风力 2~3 级)、相对湿度 30%~

60%、气压在1015～1025百帕;即日照不强、能带来凉意的微量降雨、体感略低的气温、中等强度的气压和湿度及轻拂的微风有利于马拉松运动员取得好成绩(表4-1)。

表4-1 最适宜马拉松比赛的气象条件

| 马拉松项目 | 天空状况 | 气温(℃) | 风速(米/秒) | 相对湿度(%) | 气压(百帕) |
|---|---|---|---|---|---|
| 男子 | 微量降雨 | 14～16 | 2～4 | 30～60 | 1015～1020 |
| 女子 | 微量降雨 | 14～16 | 2～5 | 30～60 | 1015～1025 |

## 4.3.2 2017年北马气象条件分析——最热的北马

2017年9月17日,北京天气晴朗,阳光照射强烈,偏北风2～4米/秒,气温从早晨的19 ℃上升至中午的29 ℃左右。气象条件对此次马拉松比赛的主要影响为:风速、湿度都比较适宜,气压值略低,气温明显偏高。

从2015至2017年北马的天气情况来看,2017年气温最高,加上阳光曝晒,天气最为炎热。略低的气压值对大部分运动员没有影响,可以不计考虑。但明显偏高的气温和强烈的阳光曝晒会对整个比赛带来明显影响。在炎热的环境中进行马拉松比赛,其无氧代谢的能量供应相对增加,导致血液和组织中的乳酸堆积就会增加,使运动能力下降,并提前出现疲劳状态,影响比赛成绩。从2016年和2017年完赛率来看,在参赛人数基本相当、参赛入选标准提高的情况下,2017年完赛率(95.51%)比2016年(95.56%)却略有下降,天气带来的影响不可忽略。据现场参赛人员反馈,大部分人员都感到曝晒炎热的天气增加了比赛的难度。

通过北马官方数据分析,按照3万人参与的马拉松比赛标准计算,对比2016年和2017年,2017年饮用水增加18%,喷淋海绵用水增加300%,医疗喷雾增加20%,盐袋增加50%。高温下跑马拉松会导致身体大量出汗,因此降温补水尤为关键,建议运动员在每个补水站都进站补水和电解质,并用降温海绵对身体进行适当降温,以减轻疲劳感,防止脱水。

### 4.3.3 2012年冬季北马——最冷的北马

由于赛事延期,2012年北马在11月25日进行,是北京马拉松赛中气温最低的一次,低温成为最大挑战,参赛选手的身体健康备受关注。当天早晨08时(海淀站)气温只有-1 ℃,11时只有6 ℃左右。为抵御低温,防止出现失温情况,组委会加强了对选手的健康安全保障。起点有专业人士领操,让参赛选手在出发前充分热身;组委会为参赛选手准备了保温膜、热水和姜汤;参赛选手可以在27.5千米、32.5千米和40千米处领取能量棒;比赛沿途每2.5千米设有1个医疗点,每100米就有1名医疗志愿者,协助医疗救护,维持比赛秩序,参赛者有问题可以向他们请求帮助。

### 4.3.4 北马举办期间北京气候特点

除了特殊年份如2012年、2019年比赛延迟外,大部分年份北马时间都选在9月中下旬到10月中下旬,此时北京气候上正处于金秋时节,大部分时间秋高气爽,常年平均气温16 ℃左右,气温总体比较舒适宜人,适宜户外运动。但是此时受冷暖空气交替影响,天气也有多变的一面,比如气温起伏波动大,大风、雾、霾和降雨都有出现可能。

## 4.3.5 "备马"看天提示

天气对马拉松的影响在众多场次赛事中都有体现。2019年5月25日,陕西宝鸡陈仓国际马拉松因气温最高达35 ℃、道路地表温度高达72 ℃,提前终止了比赛。2014年10月19日北马当天,北京的$PM_{2.5}$指数达到331,属于重度污染,比赛现场不少跑者都戴起了各式各样的高倍防护口罩,成为马拉松历史上"奇特"的一幕,可见高污染天气带来影响之恶劣程度。1981年和1982年北马比赛均遇到大风天气,特别是1982年比赛出现了6~7级大风,导致运动员的成绩平平。

北马期间的秋季天气特点总体有利于开展比赛,但仍需要参赛选手和组织部门关注天气变化,未雨绸缪。对于跨气候区参加比赛的选手,更需要提前了解比赛地当天的天气情况,提前几天到达比赛城市,进行气候适应性准备,以便更好地完赛。

# 附 录

## 附录1 风力等级 GB/T 28591—2012（摘录）

表1 风力等级划分表

| 风力（级） | 风速（m/s） | 风力（级） | 风速（m/s） |
| --- | --- | --- | --- |
| 0 | 0.0～0.2 | 9 | 20.8～24.4 |
| 1 | 0.3～1.5 | 10 | 24.5～28.4 |
| 2 | 1.6～3.3 | 11 | 28.5～32.6 |
| 3 | 3.4～5.4 | 12 | 32.7～36.9 |
| 4 | 5.5～7.9 | 13 | 37.0～41.4 |
| 5 | 8.0～10.7 | 14 | 41.5～46.1 |
| 6 | 10.8～13.8 | 15 | 46.2～50.9 |
| 7 | 13.9～17.1 | 16 | 51.0～56.0 |
| 8 | 17.2～20.7 | 17 | ≥56.1 |

表 2 风力等级特征及换算表(蒲福风力等级表)

| 风力等级 | 海面状况 海浪高(m) 一般 | 海面状况 海浪高(m) 最高 | 海岸船只征象 | 陆地地面物征象 | 相当于空旷平地上标准高度10m处的风速 (m/s) | 相当于空旷平地上标准高度10m处的风速 (km/h) | 相当于空旷平地上标准高度10m处的风速 (海里*/h) |
|---|---|---|---|---|---|---|---|
| 0 | — | — | 静 | 静,烟直上 | 0~0.2 | 小于1 | 小于1 |
| 1 | 0.1 | 0.1 | 平常渔船略觉摇动 | 烟能表示风向,但风向标不能动 | 0.3~1.5 | 1~5 | 1~3 |
| 2 | 0.2 | 0.3 | 渔船张帆时,每小时可随风移行2 km~3 km | 人面感觉有风,树叶微响,风向标能转动 | 1.6~3.3 | 6~11 | 4~6 |
| 3 | 0.6 | 1.0 | 渔船渐觉颠簸,每小时可随风移行5~6 km | 树叶及微枝摇动不息,旌旗展开 | 3.4~5.4 | 12~19 | 7~10 |
| 4 | 1.0 | 1.5 | 渔船满帆时,可使船身倾向一侧 | 能吹起地面灰尘和纸张,树枝摇动 | 5.5~7.9 | 20~28 | 11~16 |
| 5 | 2.0 | 2.5 | 渔船缩帆(即收去帆之一部分) | 有叶的小树摇摆,内陆的水面有小波 | 8.0~10.7 | 29~38 | 17~21 |
| 6 | 3.0 | 4.0 | 渔船加倍缩帆,捕鱼须注意风险 | 大树枝摇动,电线呼呼有声,举伞困难 | 10.8~13.8 | 39~49 | 22~27 |
| 7 | 4.0 | 5.5 | 渔船停泊港中,在海者下锚 | 全树摇动,迎风步行感觉不便 | 13.9~17.1 | 50~61 | 28~33 |
| 8 | 5.5 | 7.5 | 进港的渔船皆停留不出 | 小树枝折断,人行向前,感觉阻力甚大 | 17.2~20.7 | 62~74 | 34~40 |
| 9 | 7.0 | 10.0 | 汽船航行困难 | 建筑物有小损(烟囱顶部及平屋摇动) | 20.8~24.4 | 75~88 | 41~47 |

续表

| 风力等级 | 海面状况 | | 海岸船只征象 | 陆地地面物征象 | 相当于空旷平地上标准高度10m处的风速 | | |
|---|---|---|---|---|---|---|---|
| | 海浪高(m) | | | | | | |
| | 一般 | 最高 | | | (m/s) | (km/h) | (海里*/h) |
| 10 | 9.0 | 12.5 | 汽船航行颇危险 | 陆上少见,见时可使树木拔起或使建筑物损坏严重 | 24.5～28.4 | 89～102 | 48～55 |
| 11 | 11.5 | 16.0 | 汽船遇之极危险 | 陆上很少见,有则必有广泛损坏 | 28.5～32.6 | 103～117 | 56～63 |
| 12 | 14.0 | — | 海浪滔天 | 陆上绝少见,摧毁力极大 | 32.7～36.9 | 118～133 | 64～71 |
| 13 | — | — | — | — | 37.0～41.4 | 134～149 | 72～80 |
| 14 | — | — | — | — | 41.5～46.1 | 150～166 | 81～89 |
| 15 | — | — | — | — | 46.2～50.9 | 167～183 | 90～99 |
| 16 | — | — | — | — | 51.0～56.0 | 184～201 | 100～108 |
| 17 | — | — | — | — | 56.1～61.2 | 202～220 | 109～118 |

*1海里=1.852 km。

# 附录2 降雨等级QX/T 489—2019(摘录)

表1 单站日降雨量等级划分表

| 等级 | 日降雨量(mm) |
|---|---|
| 小雨 | 0.1～9.9 |
| 中雨 | 10.0～24.9 |
| 大雨 | 25.0～49.9 |

续表

| 等级 | 日降雨量(mm) |
|---|---|
| 暴雨 | 50.0～99.9 |
| 大暴雨 | 100.0～249.9 |
| 特大暴雨 | ≥250.0 |

# 附录3 冷空气等级 GB/T 20484－2017(摘录)

## 2.1 冷空气 cold air

使所经地点气温下降的空气团。

## 2.2 日最低气温 daily minimum temperature

观测的前一日14时后至当日14时之间的气温最低值。

## 2.3 24小时内降温幅度 decrease of daily minimum temperature in 48 hours

某日14时以后24小时内的日最低气温与该日日最低气温之差。

## 2.4 48小时内降温幅度 decrease of daily minimum temperature in 48 hours

某日14时以后48小时内最低的日最低气温与该日日最低气温之差。

## 2.5 72小时内降温幅度 decrease of daily minimum temperature in 72 hours

某日14时以后72小时内最低的日最低气温与该日日最低气温之差。

## 3 等级划分

采用受冷空气影响的某地在一定时段内日最低气温下降幅度和日最低气温值两个指标，将冷空气划分为弱冷空气、较强冷空气、强冷空气和寒潮四个等级，划分方法详见表1。

**表1 冷空气等级划分表**

| 等级 | 划分指标 |
| --- | --- |
| 弱冷空气 | 日最低气温48小时内降温幅度小于6 ℃ |
| 较强冷空气 | 日最低气温48小时内降温幅度大于或等于6 ℃但小于8 ℃，或者日最低气温48小时内降温幅度大于或等于8 ℃，但未能使该地日最低气温下降到8 ℃或以下 |
| 强冷空气 | 日最低气温48小时内降温幅度大于或等于8 ℃，且使该地日最低气温下降到8 ℃或以下 |
| 寒潮 | 日最低气温24小时内降温幅度大于或等于8 ℃，或48小时内降温幅度大于或等于10 ℃，或72小时内降温幅度大于或等于12 ℃，而且使该地日最低气温下降到4 ℃或以下。48小时、72小时内降温的日最低气温应连续下降 |

# 附录4　寒潮等级 GB/T 21987—2017(摘录)

## 2.1　寒潮 cold wave

高纬度的冷空气大规模地向中、低纬度侵袭,造成剧烈降温的天气活动。

## 3　寒潮强度等级划分

### 3.1　划分原则

采用受寒潮影响的某地在一定时段内日最低气温降温幅度和日最低气温值两个指标来具体划分寒潮等级。

### 3.2　强度等级

寒潮划分为三个等级:寒潮、强寒潮、特强寒潮。

### 3.3　寒潮

使某地的日最低气温24小时内降温幅度≥8 ℃,或48小时内降温幅度≥10 ℃,或72小时内降温幅度≥12 ℃,而且使该地日最低气温≤4 ℃的冷空气活动。

### 3.4　强寒潮

使某地的日最低气温24小时内降温幅度≥10 ℃,或48小时内降温幅度≥12 ℃,或72小时内降温幅度≥14 ℃,而且使该地日最低气温≤2 ℃的冷空气活动。

## 3.5 特强寒潮

使某地的日最低气温 24 小时内降温幅度≥12 ℃,或 48 小时内降温幅度≥14 ℃,或 72 小时内降温幅度≥16 ℃,而且使该地日最低气温≤0 ℃的冷空气活动。

# 附录 5 高温热浪等级 GB/T 29457—2012(摘录)

## 2.1 高温热浪 heat wave

通常情况下气温高、湿度大且持续时间较长,使人体感觉不舒适,并可能威胁公众健康和生命安全、增加能源消耗、影响社会生产活动的天气过程。

## 2.2 高温热浪指数 heat wave index

HI
表征高温热浪程度的指标。

## 2.3 炎热指数 torridity index

TI
衡量气温和相对湿度对人体健康影响程度的指标。

## 2.4 炎热临界值 critical value of torridity

判断是否达到炎热天气的界定值。

## 3 等级划分

高温热浪等级分为 3 级,分别为轻度热浪(Ⅲ级)、中度热浪(Ⅱ级)和重度热浪(Ⅰ级),见表 1。

表1 高温热浪等级划分及说明用语

| 等级 | 指标 | 说明用语 |
|---|---|---|
| 轻度热浪(Ⅲ级) | $2.8 \leqslant \mathrm{HI} < 6.5$ | 轻度(闷)热的天气过程,对公众健康和社会生产活动造成一定的影响 |
| 中度热浪(Ⅱ级) | $6.5 \leqslant \mathrm{HI} < 10.5$ | 中度(闷)热的天气过程,对公众健康和社会生产活动造成较为严重的影响 |
| 重度热浪(Ⅰ级) | $\mathrm{HI} \geqslant 10.5$ | 极度(闷)热的天气过程,对公众健康和社会生产活动造成严重不利的影响 |

## 4 指标计算

### 4.1 高温热浪指数

高温热浪指数(HI)的计算公式如下:

$$\mathrm{HI} = 1.2 \times (\mathrm{TI} - \mathrm{TI}') + 0.35 \sum_{i=1}^{N-1} 1/nd_i (\mathrm{TI} - \mathrm{TI}') + 0.15 \sum_{i=1}^{N-1} 1/nd_i + 1 \quad (1)$$

式中:TI 为当日的炎热指数;TI′为炎热临界值;TI 为当日之前第 $i$ 日的炎热指数;$nd_i$ 为当日之前第 $i$ 日距当日的日数;$N$ 为炎热天气过程的持续时间,单位为天(d)。

## 4.2 炎热指数

炎热指数（TI）计算公式如下：

$$TI = 1.8 \times T_{max} - 0.55 \times (1.8 \times T_{max} - 26) \times (1 - 0.6) + 32 \quad 当 RH \leqslant 60\% 时 \tag{2}$$

$$TI = 1.8 \times T_{max} - 0.55 \times (1.8 \times T_{max} - 26) \times (1 - RH) + 32 \quad 当 RH > 60\% 时 \tag{3}$$

式中：$T_{max}$为日最高气温，单位为摄氏度（℃）；RH为日平均相对湿度（%）。

## 4.3 炎热临界值

采用分位数的方法来计算各地炎热临界值。利用1981—2010年中每年5—9月逐日地面观测气象资料，计算其中日最高气温大于33 ℃样本的炎热指数，并将该炎热指数序列作升序排列，选取第50分位数作为当地的炎热临界值。

# 附录6 冰雹等级 GB/T 27957—2011（摘录）

## 2.1 冰雹 hail

坚硬的球状、锥形或不规则的固体降水物。

## 2.2 冰雹直径 diameter of hail

根据《地面气象观测规范》测得的冰雹的最大直径，以毫米（mm）为单位，取整数。

用 $D$ 表示冰雹直径,冰雹等级见表1。

表1 冰雹等级

| 等级 | 冰雹直径 |
|---|---|
| 小冰雹 | $D<5\mathrm{mm}$ |
| 中冰雹 | $5\mathrm{mm}\leqslant D<20\mathrm{mm}$ |
| 大冰雹 | $20\mathrm{mm}\leqslant D<50\mathrm{mm}$ |
| 特大冰雹 | $D\geqslant 50\mathrm{mm}$ |

# 附录7 沙尘天气等级 GB/T 20480—2017（摘录）

## 3 单站沙尘天气等级

### 3.1 划分原则和等级

沙尘天气等级主要依据沙尘天气发生时的水平能见度,同时参考风力大小进行划分。沙尘天气划分为浮尘、扬沙、沙尘暴、强沙尘暴、特强沙尘暴五个等级。

### 3.2 划分指标

#### 3.2.1 浮尘

无风或风力≤3级,沙粒和尘土飘浮在空中使空气变得混浊,水平能见度小于10 km。

#### 3.2.2 扬沙

风将地面沙粒和尘土吹起使空气相当混浊,水平能见度在1～

10 km 以内。

### 3.2.3 沙尘暴

风将地面沙粒和尘土吹起使空气很混浊,水平能见度<1 km。

### 3.2.4 强沙尘暴

风将地面沙粒和尘土吹起使空气非常混浊,水平能见度<500 m。

### 3.2.5 特强沙尘暴

风将地面沙粒和尘土吹起使空气特别混浊,水平能见度<50 m。

# 附录8 霾的观测和预报等级 QX/T 113—2010(摘录)

**霾 haze**

大量极细微的干尘粒等均匀地浮游在空中,使水平能见度小于10.0km的空气普遍混浊现象。霾使远处光亮物体微带黄、红色,使黑暗物体微带蓝色。

注:我国部分地区也将受到人类活动显著影响的霾称为灰霾。香港天文台和澳门地球物理暨气象局称霾为烟霞。

## 3 霾观测的判识条件

3.1 能见度小于10.0km,排除降水、沙尘暴、扬沙、浮尘、烟幕、吹雪、雪暴等天气现象造成的视程障碍。相对湿度小于80%,判识为霾;相对湿度80%～95%时,按照《地面气象观测规范》规定的描述或大气成分指标进一步判识。

## 3.2 大气成分指标

当大气成分监测站以下指标超过限值时,可作为判识霾的参考依据(见表1)。

**表1 霾的大气成分指标**

| 指标 | 代码 | 限值 | 单位 |
|---|---|---|---|
| 直径小于2.5 μm的气溶胶质量浓度 | $PM_{2.5}$ | 75 | $\mu g/m^3$ |
| 直径小于1 μm的气溶胶质量浓度 | $PM_1$ | 65 | $\mu g/m^3$ |
| 气溶胶散射系数+气溶胶吸收系数 | $K_s+K_a$ | 480 | $Mm^{-1}$ |

**表2 霾预报等级** 单位为千米

| 等级 | 能见度($V$) | 服务描述 |
|---|---|---|
| 轻微 | $5.0 \leqslant V < 10.0$ | 轻微霾天气,无须特别防护 |
| 轻度 | $3.0 \leqslant V < 5.0$ | 轻度霾天气,适当减少户外活动 |
| 中度 | $2.0 \leqslant V < 3.0$ | 中度霾天气,减少户外活动,停止晨练;驾驶人员小心驾驶;因空气质量明显降低,人员需适当防护;呼吸道疾病患者尽量减少外出,外出时可戴上口罩 |
| 重度 | $V < 2.0$ | 重度霾天气,尽量留在室内,避免户外活动;机场、高速公路、轮渡码头等单位加强交通管理,保障安全;驾驶人员谨慎驾驶;空气质量差,人员需适当防护;呼吸道疾病患者尽量避免外出,外出时可戴上口罩 |

# 附录 9　气候季节划分 QX/T 152—2012(摘录)

**4.3.1.2　春季起始日**

当常年滑动平均气温序列连续 5 天大于或等于 10 ℃,则以其所对应的常年气温序列中第一个大于或等于 10 ℃ 的日期作为春季起始日。

**4.3.1.3　夏季起始日**

当常年滑动平均气温序列连续 5 天大于或等于 22 ℃,则以其所对应的常年气温序列中第一个大于或等于 22 ℃ 的日期作为夏季起始日。

**4.3.1.4　秋季起始日**

当常年滑动平均气温序列连续 5 天小于 22 ℃,则以其所对应的常年气温序列中第一个小于 22 ℃ 的日期作为秋季起始日。

**4.3.1.5　冬季起始日**

当常年滑动平均气温序列连续 5 天小于 10 ℃,则以其所对应的常年气温序列中第一个小于 10 ℃ 的日期作为冬季起始日。

如果初次判断的起始日期比常年日期偏早 15 天以上,需进行起始日的二次判断。